Michael Olbrich-Majer

Über das Geistige in der Möhre

Michael Olbrich-Majer

ÜBER DAS GEISTIGE IN DER MÖHRE

Einführende Betrachtungen zur biodynamischen Landwirtschaft

Bibliographische Information der Deutschen Nationalbibliothek
Die Deutsche Nationalbibliothek verzeichnet diese Publikation in der Deutschen Nationalbibliographie; detaillierte bibliographische Daten sind im Internet über http://dnb.ddb.de abrufbar.

ISBN 978-3-95779-053-8

Erste Auflage 2017

Typographie und Satz: de·te·pe, Aalen
Umschlag: Frank Schubert, Frankfurt am Main
Gedruckt in Polen bei booksfactory/Printgroup, Szczecin

Inhalt

Vorwort

Auf die Rubrik „nachgehakt“ im *Info3* Magazin, die über lange Zeit auf Landwirtschaft, Natur und Gesellschaft einen Blick warf, wurde ich häufig angesprochen; offenbar stießen Inhalt und Stil auf Gefallen, nicht nur bei Demeter-Bauern.

Von daher bin ich dem Chefredakteur von *Info3*, Jens Heisterkamp, dankbar, dass er mich dazu angeregt hat, den an der biodynamischen Landwirtschaft geschulten Blick regelmäßig in ein nicht-landwirtschaftliches Magazin zu tragen.

Hinter der Idee zu diesem Büchlein nun steckt der Wunsch, Aspekte biodynamischer Landwirtschaft aus genau dieser nichtlandwirtschaftlichen Perspektive und Sprache gebündelt vorzustellen. Für die Auswahl der Aufsätze war daher vor allem das interessant, was über die aktuelle Zeitsituation hinaus Bestand haben könnte, und dann die Erläuterungen rund um die biodynamischen Grundlagen.

Kann man nicht endlich Steiners Landwirtschaftlichen Kurs „übersetzen“? Diese Frage höre ich öfters, von Menschen, die sich damit praktisch abmühen bis zu denen, die aus Interesse mal reinlesen. Dazu ist zu sagen: Diese dokumentierten Vorträge sind ein Arbeitsbuch, mit einer bloßen Zusammenfassung kommt man im Praktischen nicht weit. Letztlich muss es jeder Landwirt oder Gärtner für seinen

Zusammenhang selbst übersetzen, ins aktuelle Leben vor Ort bringen.

Aber natürlich ist es hilfreich, einen Überblick zu haben. Und wohl auch, einmal in anderen Formulierungen auf die Grundlagen des Biodynamischen zu schauen. Allein das kann Anregungen geben, wie ich selbst beim Hören des Kurses auf CD erleben konnte. Biologisch-dynamisch, dieser Begriff kam erst drei Jahre nach dem ersten Impuls Steiners, als er im Rahmen einer ausgedehnten anthroposophischen Pfingst-Tagung Vorträge hielt: „Geisteswissenschaftliche Grundlagen zum Gedeihen der Landwirtschaft", so nannten die Herausgeber von Steiners „Landwirtschaftlichem Kurs" dann die anfangs zögerliche und nur für Mitglieder vervielfältigte Version.

Vielleicht gelingt es ja dem ein oder anderen Aufsatz hier, diesen frischen Blick auf Landwirtschaft aufleben zu lassen, dazu zu inspirieren, sich mehr damit zu beschäftigen – gerne auch praktisch.

Denn noch mehr als andere Formen der Landwirtschaft braucht die biologisch-dynamische Wirtschaftsweise Menschen, die sie aus tiefem Verstehen heraus mitentwickeln.

Michael Olbrich-Majer

I.

RUDOLF STEINERS „LANDWIRTSCHAFT-LICHER KURS"

Eine Vortragsreihe begründet
die biodynamische Landwirtschaft

Vorträge, ein Buch und ein Impuls

90 Jahre biodynamisch – der Kurs in die Zukunft, so hieß es im Jahr 2014, als Demeter ein Jubiläum feierte. Kann dieser Vortrags-Kurs Steiners, längst in Buchform, nach 90 Jahren wirklich noch aktuell sein? Bewegt hat er reichlich: Die Teilnehmer gründeten noch während der zehntägigen Vortragsreihe einen Versuchsring, der später biologisch-dynamische Landwirtschaft mit der Marke Demeter rund um die Welt etablierte. Dies trug entscheidend zur Entwicklung des Ökolandbaus in Deutschland bei und war Vorbild für Ökolandbaurichtlinien bis hin zur aktuellen EU-Öko-Verordnung. Viele Menschen, die für nachhaltige Landwirtschaft eintreten, ließen sich von Biodynamikern inspirieren. Die Wirkung dieses Kurses misst sich also weniger am Umsatzvolumen oder am aktuellen Umfang der Demeter-Landwirtschaft (in Deutschland unter zehn, weltweit unter einem Prozent der Ökolandbauflächen) als vielmehr an der Kraft seiner Ideen.

Also, was ist das für ein Buch? Nun, auf jeden Fall kein klassisches Lehrbuch für Bauern, schließlich war Steiner weder Landwirt noch Fachwissenschaftler. Er sprach als spirituell lehrender Kulturforscher zu einem Auditorium, dessen anthroposophische wie landwirtschaftliche Bildung Voraussetzung für die Teilnahme war. Es ging also um einen neuen Zugang zu Bekanntem, heute würde man vielleicht sagen, aus tiefenökologischer Sicht. Hinzu kommen neue Aspekte und Verfahren der Landwirtschaft, die aus diesem Kontext geschöpft sind.

Das ist gar nicht einfach zu lesen und zu verstehen. Mein erster Versuch damit endete rasch, und auch biodynamische Landwirte wünschen sich häufig eine „Übersetzung". Nach Lesekreisen in der Waldorfschule („Und wo sind die Elfen und Gnome?"), auf Höfen („Wie wach bleiben nach langem Arbeitstag, wenn andere vorlesen?"), mit Forschern („Muss man alles erklären wollen?") und Kollegen („Können wir das mal aufmalen?") weiß ich: Es ist ein Arbeitsbuch! Einmal lesen reicht nicht. In starken, fast poetischen Bildern beschreibt Steiner Gestaltungsprinzipien und Maßnahmen einer Landwirtschaft, die ihre Erneuerungskraft aus sich selbst gewinnen kann. Das ist heute, angesichts modernen Input-Output-Farmings nach dem Vorbild industrieller Fertigung eine erfrischende Provokation. Und die Inspirationen darin sind, obwohl bald ein Jahrhundert alt, längst nicht alle verwirklicht und erforscht.

Die Sprache im Kurs ist allerdings für Erstleser äußerst gewöhnungsbedürftig, und das ein oder andere herausgerissene Zitat wurde von Gegnern des Ökolandbaus schon als Munition zum Verunglimpfen genutzt. Doch schaut man genauer hin, entdeckt man hier die Grundlagen für eine moderne solare Agrikultur. Neu und umfassend ist die Aufforderung, die Landwirtschaft regeneriere sich aus ihren eigenen Kräften. Modell dafür ist der Organismus, Landwirtschaft als eine Art Individualität. Das bedeutet, von der jeweils höheren Ebene aus zu agieren: So fordert Steiner etwa, die Erde zu verlebendigen statt die Pflanze zu düngen. Und der Wirkmechanismus Kuh-Klee-Boden wird mittels biodynamischen Präparaten und Kompostierung optimiert: So entsteht im vielfältigen, ökologischen Gemischtbetrieb das aktuell nährstoff- und klimaeffizienteste Landbausystem, das wir kennen – das fanden Wissenschaftler in den letzten Jahren in einem bundesweiten Vergleich heraus. Lassen wir uns inspirieren!

Landwirtschaft für den Planeten

Neue Dimensionen der Agrarkultur

Am Pflanzenwachstum sei der ganze Himmel mit seinen Sternen beteiligt. „Wenn Sie also wissen wollen, woraus die Substanz der großen Zehe besteht, müssen Sie nicht auf die Nahrungsmittel hinschauen, sondern auf Atmung und Sinnesorgane". Das berichtete Rudolf Steiner 1924 in Dornach von den Themen seines Kurses für Landwirte, den er im schlesischen Koberwitz gehalten hatte. Das klingt heute so verrückt wie damals und wagt einen ganz anderen Blick auf Landwirtschaft, die man schon damals nur noch als Gewerbe verstand. Landwirte haben eine Aufgabe, und die erklärt sich aus der kosmischen wie der kulturhistorischen Betrachtung: Agrarkultur für eine Erde, die Lebenskeim im Weltall ist, für Menschen, die sich geistig und spirituell zusammen mit dem lebendigen Kosmos entwickeln wollen.

Naturwissenschaftlich-philosophisch gestartet, war Steiner nach langen Jahren der Herausgabe von Goethes naturwissenschaftlichen Schriften zur indisch inspirierten Theosophie und schließlich zu seinem eigenen, abendländischen Weg der Bewusstseinsschulung gekommen. Wie er berichtet, war er froh über Möglichkeiten, diese Anthroposophie praktisch zu machen, tatkräftigen Menschen Anregungen zu geben. Spirituelles sollte ins wirkliche Leben gebracht werden.

Zwei Jahre lang hatten ihn Gutsverwalter und Landwirte aus dem Kreis seiner Anhänger gebeten, hatten Fragen und

Teilnehmer gesammelt, Briefe geschrieben und Boten geschickt. Ihre Sorge galt, neben vielen konkreten Details, vor allem dem Schwinden der Naturkräfte, was sie an nachlassender Nährhaftigkeit und Reproduktionsfähigkeit bemerkten. Zugleich liefen seit 1923 erste Versuche nach Angaben Steiners, u.a. auch zu den Biodynamischen Präparaten.

So kam es 1924 endlich zu einer zehntägigen anthroposophischen Pfingsttagung auf dem Schloss eines Großtriebs bei Breslau. Der Kurs mit seinen acht Vorträgen, jeweils vormittags um elf, danach Fragen und zweites Frühstück, war eingebettet in ein Programm von Sprachgestaltung mit Frau Steiner, Schauspiel und Eurythmie, Ansprache an die Jugend und abends fuhren die mehr als hundert Teilnehmer mit Autos ins nahe Breslau, um mit weiteren Zuhörern Vorträgen Steiners zum Thema Karma zu lauschen. Beim Mitternachtsessen Gespräche, dann noch Artikel schreiben – dass der gesundheitlich angeschlagene Steiner gut durchhielt, dafür sorgte die Gräfin Keyserlingk als Gastgeberin. Zugelassen zum Kurs war bis auf Ausnahmen nur, wer sowohl von Anthroposophie wie auch von Landwirtschaft etwas verstand.

Doch ging es hier – trotz abklingender Hyperinflation – nicht um Ökonomie. Steiner ging es um eine neue, bewusst geschulte Intuitionsfähigkeit der Bauern. „Die Leute werden mit Wissenschaft die Äcker düngen“ kritisierte Steiner. Spürbare Folgen heute sind u.a. irreversible Überdüngung der Gewässer und der Artenschwund. Gerade bei der Landwirtschaft zeige es sich, dass aus dem Geiste heraus Kräfte geholt werden müssten, die heute noch unbekannt, aber für den Weiterbestand des menschlichen Lebens auf der Erde essenziell seien, so Steiner.

Anschließend hielt er in Dornach einen Kurs zur Heilpädagogik: So, wie er hier Beziehungsbildung als richtige Art des Umgangs vorschlägt – ganzheitlich Körper, Konstitution, Seele und Geist umfassend, so begreift er auch die Aufgabe des Landwirts als ganzheitlich, all das umfassend, was sich zwischen Irdischem und Kosmischen als Lebensäußerung zeigt.

Lebendiges existiert immer im Zusammenhang

Landwirtschaft ist ein irdisches Sonnengewerbe

Eigentlich gäbe es kaum ein Gebiet, das nicht zur Landwirtschaft gehöre. Sie sei nach allen Seiten mit dem größten Umkreis des menschlichen Lebens verwachsen – so Rudolf Steiner 1924 zum Auftakt seines Kurses für Landwirte. Und er geht noch darüber hinaus: Zum Erklären einer Magnetnadel brauche man das Magnetfeld der Erde, zum Erklären des Lebens auf der Erde brauche man den Kosmos und unser wohl balanciertes Sonnensystem. Dass Leben ganz konkret bedeutet, durch die Sonnenkraft ernährt und gestaltet zu werden, auf welchem Weg auch immer, das gerät heute wie damals leicht in Vergessenheit.

Zumal Landwirtschaft bereits vor hundert Jahren vor allem ökonomisch betrachtet wurde – was Steiner scharf kritisiert. Über Landwirtschaft könne nur derjenige urteilen, der sein Urteil vom Feld, vom Wald, von der Tierzucht her nehme. Wo kommen heute die Urteile über Landwirtschaft her? Fast ausschließlich aus einer reduktionistischen Ökonomie: Hörner ab, weil Stallplatz zu teuer, männliche Küken töten, weil das Mästen nicht rasch genug geht, Gentechnik, weil Patente und Paketlösungen Konzernen bessere Rendite versprechen, preisverzerrende Agrarsubventionen, um Exportmärkte zu erobern.

Aber auch Wissenschaft und Tradition bekommen in Steiners Kurs ihr Fett weg: Weder könne die Wissenschaft

Leitlinie für die Praxis sein – eher umgekehrt, noch gehe es darum, zu alten Gewohnheiten zurückzukehren: Aus einer tieferen geistigen Einsicht sei das zu finden, was die unsicher gewordenen Instinkte uns nicht mehr geben können.

So richtet Steiner den Blick in der Folge konsequent auf die Kräfte, die hinter unserem physikalisch-chemischen Weltbild liegen. Periodizität und Rhythmen des Kosmos, konkret von Sonne, Mond und Sternen, steuern das Leben. Doch hat sich dieses auf der Erde auch teilweise davon emanzipiert, hat diese Zeitgestaltung verinnerlicht, allerdings mehr oder weniger entkoppelt vom direkten Impuls eines Gestirns. Am deutlichsten ist dies beim Menschen, während die Pflanze ganz im Erdenleben, dem Abglanz des Kosmos, aufgeht. So wird sie generell entscheidender vom Umkreis geprägt als z.B. das Tier: Silicium und Wärme, Kalk und Wässriges wirken an der Gestaltung der Pflanze als polare Kräfte mit. Und bewirken zum einen mehr Nahrhaftigkeit und gestauchtes Wachstum (Kiesel) oder mehr Fortpflanzungskräfte (Kalkiges), wozu Steiner alle Erdalkalimetalle rechnet. Kosmische Repräsentanten sind dann für den Kiesel die sonnenfernen Planeten Mars, Jupiter, Saturn, bzw. bei der Wirkung des Kalkigen die aus Sicht der Erde sonnennahen Himmelskörper Mond, Venus, Merkur.

Diese Planeteneinflüsse versteht Steiner durch die Erdensubstanzen wirkend, und fragt dann, was sie hemmt bzw. fördert, nennt da Wasser oder Wärme. Doch nicht nur das. Da unsere Erde eingetaucht ist in die Sphären der Planeten, seien diese durchaus Mitgestalter des Lebens, Planeten mit kurzen Umlaufzeiten eher bei kurzlebigen Pflanzen, Mars oder Jupiter eher bei Bäumen. In der richtigen Saturnperiode gepflanzt, soll z.B. Nadelholz bessere Wärme geben.

Von hier kommt Steiner nochmals auf die Nährkraft der Lebensmittel: Manches sei zurückgegangen an der inneren Nährkraft, solche Kartoffeln wie in seiner Jugend gebe es heute nicht mehr. Der folgende Vortrag liefert dann geballte Konkretisierungen. Hier, im ersten Vortrag, öffnet Steiner zunächst die Tür.

Landwirtschaft: ein Organismus mit individuellen Zügen

Das ABC von Pflanze und Boden zwischen Erde und Kosmos

Können Sie sich vorstellen, im Innern eines anderen, höheren Organismus herumzulaufen, wie Jonas im Walfisch? Nein? Dann hören Sie mal Rudolf Steiner dazu: „Wir mit den Tieren leben im Bauch der landwirtschaftlichen Individualität.“ So heißt es gleich zu Beginn des zweiten seiner landwirtschaftlichen Vorträge, in dem es um das Zusammenspiel der Kräfte der Erde und des Kosmos geht. Bevor er diese auf dem Kopf stehende Landwirtschaft erläutert, hat er bereits den Kern seiner Landwirtschaftsidee formuliert: „Nun, eine Landwirtschaft erfüllt eigentlich ihr Wesen im besten Sinne des Wortes, wenn sie aufgefasst wird als eine Art Individualität, eine wirklich in sich geschlossene Individualität.“ Landwirtschaft ist da am anthroposophischen Bilde des Menschen formierte Natur, die dessen Ordnung und die Wachstumsfreude der Natur vereint. Denn der Begriff Individualität ist vom Menschen abgeleitet – wir selbst erleben uns so, als Organismus, der auch Bewusstsein hat und sich entwickelt.

Was bedeutet das für die Landwirtschaft? Steiner wird konkreter: „Eine gesunde Landwirtschaft müsste das, was sie selber braucht, in sich selber eben auch hervorbringen können.“ Saatgut, Kälber, Bodenfruchtbarkeit, Dung, Energie bzw. Zugkraft – dieser Gedanke lebt so richtig nur noch im Biodynamischen. Heutzutage kauft das der Bauer vom vorgelagerten Agrobusiness. Was in die Landwirtschaft hineingebracht werde, so Steiner weiter, das seien eher Heilmittel. Er ist da nicht radikal, die Landwirtschaft exportiere ja auch aus dem Betrieb. Doch sei es sicher nicht einerlei, ob man den Mist zukaufe oder aus der eigenen Landwirtschaft nehme, auch die richtige Mischung der Tierarten sei wichtig. Für Demeter-Betriebe ohne Vieh gilt daher die Pflicht zur Futter-Mist-Kooperation. Im letzten Jahr haben niederländische Wissenschaftler übrigens gezeigt, dass die Düngung mit hofeigenem Mist einen Heimvorteil aufweist – sie wirkt besser, weil dem Boden vertraut.

Der Boden – das ist für Steiner das Zwerchfell des landwirtschaftlichen Individualität, ein rhythmisches Organ, das kosmische und irdische Wirkungen an die Pflanze vermittelt: Kopfpol unter der Erde, Stoffwechselpol über der Erde, vermittelt durch die Trias Kiesel, Kalk und Ton. Das Kieselige im Untergrund reflektiere Kosmisches, bringe das Licht zur Wirksamkeit. Im Verein mit den durch die sonnenfernen Planeten Mars, Jupiter Saturn induzierten Prozessqualitäten, bestimme es, was die Wurzeln erleben. Ton fördert dies aufwärts, während der Kalk die im Verdauungsraum über der Erde entstehenden Kräfte in den Boden hineinzieht, unterstützt durch die Qualitäten der sonnennahen Planeten Mond, Venus, Merkur. Daher unterscheide sich auch die Wärme über der Erde von der Wärme darunter, tot die eine, lebendig die andere.

Auf dieser Basis entwickelt Steiner ein anfängliches ABC des Pflanzenwachstums, in der Polarität Erde – Kosmos: gestaltende Winterkräfte, kosmischer Einfluss bei der Samenbildung – stellen wir uns das Chaosmoment der Zellteilung vor – oder den irdisch-lebendig machenden Einfluss eines guten Humus. Denn Samenbildung und kräftige Pflanzenentwicklung seien zweierlei Vorgänge: Form und Dicke eines Blattes sind nach Steiner irdisch bewirkt, in der grünen Farbe zeige sich beides und bei Blütenfarben oder Aroma der Früchten wirkten die Planeten mit. „Im Apfel essen Sie tatsächlich den Jupiter," so Steiner.

Eine solcherart neu verstandene Landwirtschaft sei wichtig, da wir vor einer großen inneren Umwandlung der Natur stünden, deren Kräfte neu belebt werden müssten. Biodynamisch, das ist der Anfang dieser Entwicklung.

Das Theater der Elemente

Der Geist, die Stoffe und ihre Qualitäten – ein Exkurs in lebendiger Chemie

Auftritt Stickstoff, empfindend: Er schleppt den Äther, der lebendig macht, dahin, wo der Kohlenstoff geistige Markierungen platziert hat. Abgang Wasserstoff, Chaos verbreitend, Auflösung, Bühnenbild Weltenall. Wie kommt die Gestalt in die Pflanze? Was macht sie nahrhaft? Was im Detail passiert im Boden? Darum geht es in diesem Stück, Steiners drittem Vortrag für Landwirte.

Im Vorherigen ging es um das große Ganze und seine Gliederungen. Eine Landwirtschaft wurde als „eine Art Individualität" betrachtet: Ein solcher Organismus umfasst Ebenen wie drei funktionale Systeme der Physis, solche, die das Lebendige erhalten in vier Äther-Qualitäten, sieben ordnende Lebensprozesse bzw. seelisch-astralische Kräfte symbolisiert durch die Planeten, und das Eigensein, das eigentlich Geistige, als Sternenimpuls. Alles mit seinen physischen Entsprechungen. Im dritten Vortrag nun geht Steiner auf den Mikrokosmos in molekularer Vergrößerung ein: die Bestandteile des Eiweißes, der Schlüsselsubstanz des Lebens, also Kohlenstoff, Stickstoff, Sauerstoff, Wasserstoff, Schwefel. Denn die Kräfte der Erde, so Steiner, wirken durch die Stoffe der Erde. Das Geistige, Regisseur des Lebens, bedient sich ihrer. Kein Geist ohne Stoff und umgekehrt.

Folglich werden die fünf Elemente wie Charaktere beschrieben, die auf ihre eigene Weise ihren Beitrag zur Schaffung von Lebendigem geben: der Kohlenstoff als Plastiker und Übermittler der geistigen Urbilder, des Typischen der jeweiligen Lebewesen. Der Schwefel, der ihm dazu Flexibilität verleiht. Der Sauerstoff, der das Ganze lebendig erhält. Der Stickstoff, der Sauerstoff und Kohlenstoff verknüpft, durch Empfindung geleitet. Und da „zum Leben auch das Vergehen gehört", so Steiner, und zwar in den Kosmos, sinnbildlich fürs Unbestimmt-Chaotische, dieser Aufgabe widme sich der Wasserstoff.

Bei diesem Theaterstück tauchen weitere Themen auf, beispielsweise lebendige und tote Stoffe. Wie ist das gemeint? Nun, der wesentliche Anteil unserer Luft ist Stickstoff, chemisch stabil mit sich selbst verbunden, reaktionsträge, tot. In der Erde aber ist er lebendig, so Steiner, und wird zum Träger des Gespürs der Pflanze, ja des Bodens, in Bezug auf Wassergehalt oder am Standort wachsende Arten.

Was machen Landwirte mit solchen Angaben? Wichtig ist, zu verstehen, dass es einen Unterschied macht, ob ein Stoff in einem lebendigen Zusammenhang steht oder nicht. Zum Beispiel der Stickstoff; synthetisch-mineralisch oder organisch und darüber hinaus belebt? Für die Pflanze ist das relevant: sie hat nur Physis und Lebensleib, das Astralisch-Seelische umgibt sie: Sie würde nicht blühen, wenn dieses sie nicht berührte und natürlich auch nicht fruchten. In der Ernährung bestimmt die Qualität des Stickstoffs, ob wir als Menschen auch seelisch-geistige Anregung durch die Nahrung erfahren. Es gibt Hinweise, dass organische, biodynamische Düngung reifere Stickstoffverbindungen in den Pflanzen bewirkt – die Folgen für Sättigung und Verdaulichkeit wären noch zu untersuchen.

Der Stempel des Kosmos im Samenchaos der Zellteilung, das Zusammenwirken von Kiesel, Kalk und Ton im Boden, die Pflanzenarten als Organe des irdischen Vegetation und die Leguminosen Freunde des Stickstoffs und der Winterkräfte – überall dreht es sich auch um den Stickstoff. Und dann empfiehlt Steiner, den Landwirten, zu meditieren, die „Offenbarungen des Stickstoffs“ zu erleben. Wer das Frühjahr mit seinen hundert Schattierungen des Grüns bewusst erlebt, weiß, was gemeint ist.

Düngen heißt, die Erde beleben

Steiners Anweisung für die landwirtschaftliche Praxis

Lebendiger Boden – ist doch selbstverständlich, sollte man meinen. Von wegen: Die immer noch von der Agrikulturchemie dominierte Landwirtschaft düngt weiter Pflanzen wie im Reagenzglas, Erde braucht es dazu nicht, höchstens damit das, was wächst, nicht umfällt. Vor hundert Jahren kamen diese Theorien gerade erst bei den Bauern an – Steiner hielt in seinem landwirtschaftlichen Kurs dagegen. Denn Pflanzen sind eigentlich untrennbar mit dem Boden verbunden: Ihre Feinwurzeln sind von Mykorrhiza umhüllt – einer pilzlichen Ummantelung, die der intensiveren Verbindung mit den Erdpartikeln dient. Durch einen Kubikzentimeter fruchtbaren Boden können 100 Meter Pilzfäden ziehen – das „Internet" der Pflanzen. Damit das läuft, füttert etwa Getreide über seine Wurzeln Bodenlebewesen mit erheblichen Stoffmengen, schickt Grüße von der Sonne in den Boden. Es sollte also kein Zweifel bestehen, dass es darum geht, den Boden lebendig zu machen, wenn wir gesunde, nahrhafte Pflanzen haben wollen, die uns auch Regsamkeit vermitteln.

Steiner wird nach seinen drei ersten Vorträgen zu den Bedingungen der Landwirtschaft, die er in die Polarität Erde-Kosmos eingebettet sieht, hier im vierten Vortrag konkret. Endlich, mag der Praktiker denken. Jetzt gibt Steiner auch handfeste Mittel und Erläuterungen: Kompost muss zur Entwicklung seiner inneren Prozesse aufgehäuft werden; Kuhmist bzw. Kieselmehl werden in Kuhhörnern vergraben, so gereift in Wasser gerührt und damit werden Boden bzw. Pflanzen gespritzt. Zahlreiche Details – Größe der Hörner, Mengen, Rührvorgang, etc. klärt er in der anschließenden Fragestunde.

Steiner erläutert im vierten Vortrag auch sein Verständnis von Ernährung: Das meiste, was wir essen, sei nicht zur Substanzbildung da, sondern dazu, den Körper in Regsamkeit zu versetzen durch die Kräfte, die die Lebensmittel abgeben. Die Stoffe nähmen wir durch Haut und Atmung auf. Hier ergibt sich eine Brücke zur Düngung: denn die soll, unterstützt durch Kompost und Präparate, auch den Boden anregen. Das Unorganische des Bodens müsse überwunden werden. Und das geschieht eben gründlicher, wenn das die Pflanze mit ihren Lebenskräften nicht allein tun muss, durch Wurzelausscheidungen oder Zersetzung, sondern wenn daneben ordnende, seelischen Kräften vergleichbare Elemente, z.B. in Form guten Komposts, hinzukommen. Und auf einer noch höheren, der geistigen Ebene, leisten die beiden auszuspritzenden Hornpräparate ihren Dienst. Der Mensch wird zur Grundlage gemacht, sagt Steiner am Ende dieses Vortrages und meint damit die Kräfteordnung des landwirtschaftlichen Organismus. Diese handzuhaben, erfordere ein persönliches Verhältnis zu dieser Art von Düngung, meditativ kommunizierend.

Wie kommt nun Steiner ausgerechnet auf Hörner? Deren Wirkung erklärt er mit dem Vergleich zum Geweih des Hirsches. Wirkt dieses eher wie Antennen, die Aufmerksamkeit des scheuen Wildes verstärkend, so schließen Hörner und Hornsubstanz die Kuh seelisch ab: Der Hirsch lebt in seiner Umgebung, die Kuh in ihrer Verdauung. Jetzt im Sommer ist das Horn mit Quarzmehl vergraben, über den Winter sammelt das mit Mist gefüllte Horn die Kräfte der Erde. Welche Effekte diese Präparate haben, weist eine Reihe von Untersuchungen nach – wissenschaftlich klar ist jedenfalls: biodynamisch ist prinzipiell das Beste für den Boden.

Die Alchemie des Düngens

Steiners Kompostpräparate

Alchemie? Moment mal, geht es bei der Düngung nicht um chemische Stoffe, die den Böden nachgeliefert werden müssen, weil sie mit den Erzeugnissen des Hofes diesen verlassen? Sicher, doch wie Steiner in seinem fünften Vortrag zur Landwirtschaft ausführt, reicht das nicht, sondern es geht zusätzlich darum, den Raubbau an Kräften, den die Landwirtschaft immer in gewissem Umfang betreibt, auszugleichen. Wir kennen es aus der eigenen Ernährung: gut gegessen, heißt noch lange nicht gesund oder fit für Leistung. Da kommt es auch auf anderes an, und da die Landwirtschaft biodynamisch als Organismus verstanden wird, braucht dieser ordnende und anregende Impulse. Steiner spricht hier auch von Reizwirkungen.

Die Pflanze soll durch die Düngung befähigt werden, das, was der Boden an Wirkungen bietet, aufzunehmen. Das passt zur neueren Forschung, die inzwischen weiß, dass Pflanzen so eng mit dem Boden verbunden zu denken sind, dass sie auch aktiv Nährstoffe mobilisieren können, wie der biodynamische Bodenforscher Edwin Scheller als erster nachweisen konnte. Dazu ist das Milieu, vor allem im Boden, zu gestalten – was durch biodynamische Maßnahmen gelingt: weniger saurer Boden, mehr aktive Mikroorganismen, stabilerer Humus, wie Untersuchungen zeigen.

Steiner riet jedoch dazu, nicht auf Bakterien, sondern auf

das große Ganze zu blicken. Wenn man, wie er den Erdboden als Fortsetzung der Pflanze und umgekehrt versteht, ist Feingefühl im Umgang mit dem Boden angesagt. Das Lebendige innerhalb des Lebendigen halten – so lautet dann auch Steiners Regel für einen solchen Dünger. Was er damit meint, konkretisierte er dann an den fünf biodynamischen Kompostpräparaten. Nehmen wir das Präparat mit Schafgarbe. Die Fähigkeit der Schafgarbe, mit dem Kaliumsalz gut zu arbeiten, macht diese Heilpflanze für Steiner geeignet. Für das Präparat sammeln wir die Blüten. Der Hirsch stellt mit seiner Blase das Organ zum „Verpacken", bringt so Sensibilität der Sinne und den kaliverwandten Trennprozess von Salzen und Flüssigkeit ein. Im Frühjahr gefüllt und der Sonne überlassen, wird das Präparat dann über Winter eingegraben, dessen Wirkung ausgesetzt. Erst die Kombination von Material und Prozess macht das Biodynamische am Präparat. Dieses fördert die von der Venus repräsentierten Lebens-, vor allem Stoffwechselprozesse. Das Vorgehen ist ähnlich mit Kamille (im Rinderdarm), Eichenrinde (im Haustierschädel), Löwenzahn (im Bauchfell); nur Baldrian wird als Presssaft direkt genutzt, allenfalls zur Konservierung leicht fermentiert.

Und sowas soll wirken? Nun, die die prozessmoderierende Wirkung dieser Präparate kann man am Kompost feststellen und zu diesem Zweck werden sie auch eingebracht in den Tiefstallmist oder die Gülle. Wir isolieren heute minimale Substanzmengen für medizinische Zwecke, Schmetterlinge kommunizieren kilometerweit entfernt über Düfte miteinander und die Weichmacher in unserem Plastikmüll wirken hormonell in kaum messbarer Größenordnung. Nur die Präparatewirkung kann man sich nicht vorstellen? Dass Steiner von Strahlungswirkung spricht, macht es nicht einfacher, diese konnte auch so nicht nachgewiesen werden.

Manchen reicht aber das Set der acht Biodynamischen Präparate noch nicht: so gab es schon früh zusätzliche Entwicklungen nach ähnlichem Muster für spezielle Defizite, es gibt Sammelpräparate, in jüngster Zeit auch Präparate für Bienen oder die Idee, sie vegan in Baumhüllen herzustellen. Wichtig wäre solche Forschung vor allem für die Tropen, wo nicht alle Präparatepflanzen wachsen und für die differenzierte Anwendung der klassischen acht, die auch einzeln hilfreich sind.

Negativ wirken im Positiven?

Die heikle Frage der Schädlingsregulierung in Steiners Kurs für Landwirte

Wenn es aus Sicht des Bauern gut wächst, gedeiht meist auch das gut, was er nicht braucht: Unkraut, Schädlinge oder Pilzbefall. Klar, dass Rudolf Steiner den Bauern auch dazu etwas sagen sollte. Doch in seinem Vortrag dazu, dem sechsten für Landwirte, ist eine gewisse Zurückhaltung zu spüren: Vor dem Forum der Natur habe das Unkraut gerade so viel Recht zu wachsen wie dasjenige, was man nützlich findet, so Steiner.

Und so empfahl er zwar, Schaderreger zu Asche zu machen und diese auszustreuen, um sie über die Generationenfolge zurückzudrängen; aber die biodynamische Forschung hat hier noch keine Erfolge aufweisen können, auch wenn einige Praktiker darauf schwören. Es dauert, es braucht bestimmte Gestirnskonstellationen, und zuvor muss man noch den Schädling fangen: bei Mäusen kein Problem, aber beim aktuellen Winzerschreck, der Kirschessigfliege – klein wie eine Fruchtfliege? Einige Demeter-Weinbauern haben es probiert. Steiner meint übrigens, der Erfolg stelle sich vor allem ein, wenn man das in der ganzen Gemarkung mache. Tiere sind ja mobil, auch Pilzsporen und manch ein Same fliegen umher.

Steiner erinnert nochmal an sein Modell des Pflanzenwachstums. Da gibt es Kräfte, die auf dem Umweg durch die Erde die Pflanzen üppig machen – verstärkt durch Kalkiges und solche, die sie aus dem Umkreis heraus feiner gestalten, verstärkt durch Kieseliges. Der Vollmond, zu den Ersteren zählend, wirke vor allem im Hinblick auf das Samenhafte und die Reproduktionskraft. Untersuchungen der Hochschule Erlangen zeigten übrigens, dass, wenn man den Boden nachts und ohne Mondschein bearbeitet, Lichtkeimer unter den Unkrautarten nicht aufkommen. Steiner empfiehlt, mit dem hergestellten „Pflanzenpfeffer", also der Asche, die Erde „ungeneigt" machen, zu starke Mondenwirkungen, die Schaderreger fördern, aufzunehmen. Ihm kommt es auf die Milieugestaltung an, auf eine wohlbalancierte Kräfteordnung. So seien beim Auftreten des Wurzelschädlings der Rübe bestimmte Kräfte zu weit in die Erde gerutscht.

Nach Steiner ist die Sonne der Motor jeglichen Geschehens auf unserem Planeten und wirkt in fünf Modi: sowohl direkt als auch in Form der Lebensvorgänge über und unter der Erde, für welche die sonnenfernen bzw. sonnennahen Planetenprozesse stehen. Die Sonne gestaltet so mit Licht das grüne Blattwerk, baut und zerteilt es, brennt es im Extrem, gestaltet die Umwandlung von Pflanzensubstanz zur Nahrung, die Regulation von Stängelwachstum und Samenbildung, den Abbau sowie die Zellvermehrung. Steiner spricht im Vortrag vom „spezialisierten Geschöpf", Manfred Klett vom vierfachen Sonnenwirken zusammen mit Humus, Kiesel, Kalk und Ton.

Ob Pflanzen überhaupt Krankheiten haben können – mangels seelisch-ordnendem Astralleib, bezweifelt Steiner. Er führt diese auf Ungleichgewichte im Boden – überschießende Mondenkräfte, sprich unstrukturierte Belebung, zurück. Sein Tipp ist das Behandeln des Bodens mit Schachtelhalmpräparat – einem Sud, der nicht heilend auf die Pflanze wirkt, sondern dem problematischen Bodenprozess entgegenwirkt. Im folgenden Vortrag deutet er noch eine weitere Möglichkeit an, die sein Verständnis einer Landwirtschaft offenbart, die immer in einen größeren Zusammenhang gebettet ist: Man solle sie so einrichten, dass sie jedem Naturbereich einen Platz lässt, z.B. den Auen oder Feuchtgebieten, wo sich dann das pilzliche Leben tummeln darf. Lebendiges fördern, das vor allem ist Steiners Anregung, weniger dessen Unterdrückung. Er ist sich dabei bewusst, dass seine Angaben noch keine Methode sind, eher Anregungen für Versuche.

Auf die Wechselwirkung kommt es an

Wie man eine Landwirtschaft nachhaltig einrichtet

Was haben Würmer, Insekten, Singvögel oder Wald und Sumpf mit Agrarökonomie zu tun? Nach Steiner eine Menge, sein siebter Vortrag für Landwirte ist ein ökologischer. Hier geht es um die Beziehungen und Wechselwirkung der natürlichen Einheiten – zu denen die Landwirtschaft mit ihren Organen gehört.

Zum einen erläutert Steiner das Kräftemedium, um das es hier geht, das dem punktuell Stofflichen und dem lokal Wachsenden wie seelisch strukturgebend Übergeordnete: die Astralität. Bäume und Sträucher „sammeln" diese, Insekten und Vögel, aber auch der Regenwurm verteilen sie; beides zusammen strukturiert und belebt die Landschaft. Steiner regt zum Üben an, zwischen Erdpflanzengeruch und Baumgeruch zu differenzieren, so dünnere bzw. dichtere Astralität „hellriechend" wahrzunehmen. Im Vortrag geht es auch um Beziehungen der Tiere zu Pflanzengruppen, z.B. der Säuger zu Gebüsch oder der Vögel zu Nadelbäumen. Bemerkenswert ist da weniger eine mögliche Analogie zwischen Nadelzweigen und Federn, sondern, dass die Vögel im Winter nur in Nadelbäumen Schutz finden, rundherum ist's ja kahl. Kurzum: In der Landwirtschaft müsse auch ein Auge darauf geworfen werden, in der richtigen Art Insekten und Vögel herumflattern zu lassen, so Steiner. Demeter-Landwirt Detlef Hack formuliert das so: „Mein Getreide soll den

Gesang der Vögel und den Schatten des Adlers gespürt haben."

Steiner geht noch weiter in diesen Wechselwirkungen, rät, bei kümmernder Bodenfruchtbarkeit den Waldanteil der Landschaft auszudehnen. Wie Landschaftselemente aufeinander wirken, auch in die Landwirtschaft, deutet er an mit dem Hinweis auf Laubfutter für Säuger und auf die Aue als „Pilzreservat". Letztlich komme es für das Kräftegleichgewicht in der Landwirtschaft auf die „richtige Verteilung von Wald, Obstanlagen Strauchwerk und Auen" etc. an. Heute kämpfen die Landwirte überall mit Einseitigkeiten, und die entseelte Landschaft ist mit ein Grund dafür. Als Kind habe ich noch den Unterschied zwischen Wiesenweihe und Kornweihe gelernt – heute sind diese Greifvögel mangels Lebensraum in Mitteleuropa kaum mehr präsent.

Bei den Wechselwirkungen kommt es – als drittem Aspekt – eben auf die intensive Interaktion Pflanze und Tier an, um Land(wirt)schaft lebendig zu halten. Im Haushalt der Natur wirken Tier und Pflanze zusammen: das Tier lebt mit Luft und Wärme, die Pflanze unmittelbar mit Erde und Wasser, heißt es im Kurs. Geht es beim Tier ums Fressen und Ausscheiden „so gibt die Pflanze und lebt vom Geben". Tolles Tandem also, was wir für die Landwirtschaft nutzen. Und hier deutet sich an, dass es diese Wechselbeziehung zur gegenseitigen Stärkung zu intensivieren gilt, wie Steiner dann im folgenden Vortrag zu Futter und Mist ausführt.

Um es nochmal klarzustellen: Steiner geht es hier überhaupt nicht um Naturschutz oder Artenerhalt. Er sieht diese Maßnahmen, notfalls zu Lasten von Acker oder Wiese, als notwendig für eine nachhaltige gesunde, heute würde man sagen resiliente Landwirtschaft an.

So haben Biodynamiker schon vor 80 Jahren zu sogenannten Allelopathien – gegenseitige Beeinflussung von Pflanzen – geforscht: Kornblume förderte z.B. den Ertrag von Weizen, Mohn eher nicht. So gehört das Anlegen von Hecken oder Obstwiesen zum festen Repertoire von Demeter-Betrieben und eine Dissertation aus der Schweiz zeigt, dass Flächen biodynamischer Betriebe sich anhand ihrer vielfältigeren Landschaftselemente von anderen, organisch oder integriert bewirtschafteten Höfen unterscheiden. Dass sich Demeter-Höfe an Steiners siebtem Vortrag orientieren, gibt erst heute Pluspunkte beim Thema Nachhaltigkeit und Biodiversität.

Was uns und Tiere nährt

Steiners überraschende Aspekte zu Ernährung und Fütterung

Demeter-Kühe müssen raus auf die Weide: Das ganze Jahr im Stall, sei er noch so tiergerecht, die Fütterung noch so praktisch – das geht nicht. Das hat weniger mit Zertifizierungsrichtlinien zu tun, als mit der Ernährung der Tiere durch kosmische Kräfte. Das Tier solle sich seine Nahrung selbst aussuchen, geleitet von seiner Nase, so Rudolf Steiner in seinem achten und letzten Vortrag für Landwirte. Hier entwickelt er Aspekte einer ungewöhnlichen Ernährungs- und Fütterungslehre, anspruchsvolle Gedankenkost.

So kritisiert er die „schlampige" Formulierung, im Körper würden Verbrennungsprozesse stattfinden: Solch falsche Gedankenbildung gehe am Naturgeschehen vorbei und führe zu Maßnahmen, die nicht zur Natur passen. Ein paar Sätze zuvor legt er dar, dass es bei der Fütterung und Ernährung nicht darum gehe, dass Stoffe aufgenommen werden. Aber worum dann? Nahrung liefere nur die Energie, so Steiner, der Auf- und Umbau des Körpers aber geschehe mit anderen Mitteln. Ernährung brauche primär Kräfte, die dann die Stoffe ordnen. Man sehe es einer Pflanze an, ob sie solche – astralische-Kräfte habe, die Fruchtbildung sei ein Beispiel. Steiner unterscheidet kosmische und irdische Stoffe wie auch Kräfte. Die Nerven-Sinnesorganisation bekommt demnach ihre Stoffe von der Erde her – also über Nahrung, Darm und Blut – die Kräfte zum Verarbeiten dieser aber kommen aus dem Kosmos, weshalb Nutztiere draußen sein sollen. Das Stoffwechsel-Gliedmaßen-System dagegen werde aus dem gespeist, was aus Luft und Wärme aufgenommen wird – aus kosmischer Stofflichkeit. Steiner denkt das Tier polar zwischen den Aktivitäten der Sinne und denen der Glieder bzw. des Stoffwechsels. Es frisst, um Bewegungskräfte zu entwickeln. Anhand dieses Modells kommt Steiner zu Fütterungshinweisen für Jungtiere, Möhre und Lein, für Milch gebende Tiere, Klee, oder für Schweine, Gekochtes.

Hinweise gibt der Vortrag auch für die menschliche Ernährung, jedoch mit der wiederholten Einschränkung, alles sei zu individualisieren, bloß keine Ernährungsmystik! Ob Lebensmittel oder Futter Regsamkeit bewirken, ist allerdings ein Kriterium! Hier kommt er auch auf Tomate und Kartoffel zu sprechen: erstere sei als Absonderungsspezialistin bei Krebs zu meiden und der Knollengenuss sei zurückzufahren, um weniger kopfgesteuert zu leben und zu denken.

Ausgehend von irdischer Stofflichkeit im Kopf, der Unterlage für unser Ich, packt Steiner mitten im Vortrag noch einen Knaller aus: Ein „fortgeschrittener Dunghaufen“ sei „das im Gehirn sich Ausbreitende“, wenn man richtig auf die Vorgänge schaue: kurzum, aus dem Stoffwechsel ausgeschiedenes. Und dann: wir Menschen setzten viel vom, so Steiner „Bauchdünger in Gehirndünger“ um, das Tier nicht: Daher blieben diese Kräfte – Steiner nennt sie „Ich-Anlage“ – in dessen Dung erhalten. Die damit gedüngte Pflanze entwickele dann eine Art Vorstufe des „Ich“, die sich unter anderem in der senkrechten Wachstumsrichtung und Salzaufnahme der Wurzel zeige. Und: zwischen Dung, dem Boden und der Futterpflanze sowie der Aufnahme durch das Tier entstehe eine fortschreitende Wechselwirkung – das Kernprinzip biodynamischer Standortentwicklung und betrieblicher Individualität. Denn der Mist sollte möglichst von hofeigenen Tieren kommen. Niederländische Wissenschaftler bestätigten kürzlich diese sich verstärkende Interaktion zwischen Herde und Boden und nannten sie Heimvorteil.

Abschließend gibt Steiner seinen Zuhörern einen Rat: Es gehe nicht um Herausposaunen neuester Erkenntnisse, wie er das wohl oft erleben musste, sondern er habe Anregungen für die mannigfaltigsten Versuche gegeben: Nicht-Fachleute sollten sich da bitte raushalten, denn es komme auf Seriosität an.

II.

EIN BIODYNAMISCHER WERKZEUGKASTEN

Demeter-Landbau: nix für Esoteriker

Gutes Handwerk ist die Basis für den Unterschied

Was für ein Quatsch: matschigen Kuhmist in Hörner stopfen! Für manche Menschen gelten Demeter-Landwirte als esoterisch: Präparate, Kosmos und das Ganze. Die einen äußern das abwertend, die Demeters sind für sie wohlmeinende, aber weltfremde Spinner unter den Ökos, die anderen meinen, dass Demeter-Bauern den Stand von Mond und Planeten im Schlaf wissen. Beide Vorstellungen haben wenig mit dem Alltag in der Landwirtschaft zu tun.

Biologisch-dynamische Bauern und Bäurinnen könnten locker auch an anderer Stelle ihren Mann oder ihre Frau stehen (das tun sie oft ehrenamtlich), manche haben sogar bewusst anderes aufgegeben, um so zu arbeiten und zu leben. Was sie unterscheidet und offenbar Widerspruch hervorruft, ist, dass sie nicht dem herrschenden ökonomischen Paradigma folgen wollen, dem Leitsatz „Maximiere den Eigennutz". Denn über das Bemühen ihrer Kollegen hinaus, Landluft und Tradition mit persönlichem Auskommen zu kombinieren, geht es ihnen vor allem darum, etwas Gutes für die Welt zu tun, für die Naturwesen wie für die Menschen. Und auf Demeter-Höfen hängt die Messlatte dafür besonders hoch.

Wer Demeter-Landwirte kennt, weiß: sie sind handfest der Welt zugewandt. Schließlich ist ihr Alltag von Entscheidungen und Handlungen mit physischen Dingen und Lebewesen geprägt. Da ist für esoterisches Abheben kaum Platz, ja, ich würde sagen, hier geht es vor allem um Exoterik: Es gib nichts Gutes, außer man tut es!

Doch braucht das zusätzlich zu guter fachlicher Praxis geeignete Vorstellungen und Energien: Dabei spielt die Selbstorganisation eine Rolle, vor allem aber ist dies eine Frage der inneren Kultur. Wer sich zwischen Mitarbeiterführung, Kundenansprache, dem Kümmern um Tiere, Pflanzen und Boden zu mehr berufen fühlt, wer sich so umfassend als Unternehmer begreift, sein eigener Mechaniker und seine eigene Kreativabteilung ist, der kommt kaum umhin, auch innere Pfade zu pflegen.

Hierzu gibt es aus dem Ursprung des Biodynamischen, bei Steiners Anthroposophie, zahlreiche Hinweise. Ein bisschen setzt das die biodynamische Art, Landwirt zu sein, auch voraus, dass der Bauer sich Zeit nimmt, der „Natur" der Dinge tiefer auf den Grund zu gehen. Steiner spricht vom Landwirt als „Meditanten" (also jemanden, der meditiert), schildert aber in seinem Kurs für Landwirte vor allem Praktisches. Allerdings vermittelt er an allen Beispielen eine bestimmte Art und Weise der Betrachtung. Statt des heutigen Input-Output-Denkens ist da die Rede von „naturintimen Wechselwirkungen", von Landwirtschaft als individuellem „Organismus", von „kosmischen" und „irdischen" Stoffen und Kräften. Landwirtschaft, ja die Natur insgesamt wird völlig anders gedacht als die mehr der weniger zufällige Summe physikalisch-biologischer Stoffe und Vorgänge. „Der Mensch wird zur Grundlage gemacht", so fasst Steiner kurz seine „Brille" für die Landwirtschaft zusammen, und kehrt damit die Blickrichtung um: von der Produktion, zur Pflege, zur Agrar-Kultur; da steckt das lateinische colere –

pflegen – drin. Das heißt gerade nicht, die Natur der Ökonomie unterzuordnen, sondern umgekehrt, das, was dem Natur- bzw. Landbewirtschaftenden tagtäglich wie eine Wesensbegegnung widerfährt, ernst zu nehmen. Nicht aus der Analyse, sondern aus diesem ganzheitlichen Verständnis des Gegenübers der „Natur" heraus ergibt sich das Handeln, und die Einsicht, der Natur etwas zurückzugeben.

Dem Wissen, von Sonne, Boden oder Wasser abhängig zu sein, folgt das biodynamische Bemühen darum, die in der Natur wirksamen Kräfte und Prozesse nicht nur materiell zu verstehen. Resultat ist ein anders Zielsystem für den jeweiligen Betrieb, es werden Naturschutz, Geschmack oder Tiergerechtheit immanent, statt von außen geforderte Zusatzleistung zu bleiben. In dieser Weise mit Liebe Inneres und Äußeres in Einklang zu bringen, ist so esoterisch wie exoterisch.

Der Landwirt ist Lebenswirt

Biodynamisch ist der Weg dazu

In Österreich hat man es begriffen. Das Landwirtschaftsministerium heißt dort seit einigen Jahren schon „Lebens-Ministerium"! Denn genau darum geht es bei der Landwirtschaft: nicht um Technik, sondern um den Umgang mit belebter Natur, nicht um Nahrung und Rohstoffe, sondern um Lebensmittel, Gaben aus bzw. von Lebewesen, belebte Landschaft. Wer das nicht begreift, riskiert eben Dioxin im Futter: Fett ist doch gleich Fett, oder? Kommt es bei der reduzierten materialistischen Betrachtung allein auf die analytische Gleichwertigkeit des Nährwerts an, geht es mit dem Blick auf lebendige Zusammenhänge um wesentlich mehr – mindestens um Biologie: das ist bereits eine grundsätzlich andere und größere Dimension als Chemie und Physik. Zum Beispiel unterscheiden uns vom Affen nur 1,3 Prozent unserer Gene. Und Schmetterlinge kommunizieren bis zu zehn Kilometer mit Hilfe geringster Mengen von Duftstoffen. Ein kleiner Unterschied macht also biologisch sehr viel aus. Auch im Rahmen der Evolution entscheiden oft kleinste Abweichungen die Zukunft. Die selten linearen Gesetzmäßigkeiten der Biologie gelten natürlich auch in der Landwirtschaft, die mit diesen in Feld und Stall ökonomisch umgehen muss und deshalb Zusammenhänge gerne vereinfacht. Jeder Landwirt hat ja nur ca. 30 bis 40 Versuche im Leben für die Aussaat, außerdem müssen Entscheidungen witterungsbedingt oft in kürzester Zeit getroffen werden, da nutzt man dankbar Dünge- oder Spritzpläne, Gentech-Saatgut und ähnliches. Das hat letztlich zum Entstehen eines agroindustriellen Komplexes geführt.

Man kann es auch anders machen, sich auf seine Fähigkeiten als Landwirt besinnen und versuchen, den größeren Kontext der Lebensvorgänge zu verstehen. Das Biologisch-Dynamische mit seiner Quelle der Anthroposophie kann dazu eine konkrete Hilfe sein, vermag Begriffe und Anleitungen zu geben, damit man sich wahrnehmend und denkend in ein erweitertes Verständnis der Prozesse des Werdens und Vergehens in den Naturreichen einübt, um dann vielleicht im entscheidenden Moment die richtige Intuition zu haben. Vor dem Hintergrund des Entscheidungsdrucks, den viele Bauern an Vorleister wie Düngerfabriken oder Saatgutkonzerne delegieren, aber auch im Bewusstsein, dass wir mit Lebendigem arbeiten, ist eine andere Sicht notwendig, um erfüllt und erfolgreich Land-Wirt zu sein.

Dann erkennen wir, dass wir als Bauern Wesen begegnen, die ihre eigenen Verhaltensweisen und Reaktionszeiten haben, mal mehr mal weniger an Rhythmen der Umgebung, vor allem die von Sonne, Erde und Mond gebunden. Wir lernen die dem Lebendigen eigenen Bedürfnisse bzw. Prozesse zu deren Verwirklichung kennen, anthroposophisch gesehen durch die Planeten repräsentiert. Wir verstehen, dass, wenn etwas im Lebendigen bewirkt werden soll, immer auch die Ebene des Lebendigen und nicht nur die der Materie angesprochen werden muss. Wie – das kann man lernen.

Einmal hat sich ein Journalist darüber lustig gemacht, als Demeter-Bäuerin Sonja Moor berichtete, wie ihre Schafe auf ihre Stimmung reagieren. Aber genau das ist es! Das Tier, eine Herde, das Seelenelement der Landwirtschaft – reagiert auf unser Inneres. Pflanze und Boden brauchen es ein bisschen handfester, zum Beispiel mittels der Biodynamischen Präparate, auch hier eine nicht allein stoffliche Ansprache. Im Lebendigen kommt es auf Kommunikation an, nicht umsonst fordert Steiner in seinem Kurs von den Landwirten, ein persönliches Verhältnis zu dem, was sie tun, zu entwickeln. Damit das funktioniert, arbeiten wir daran, die stofflichen Grundlagen, die Medien, ebenso wie den Boden lebendiger zu machen.

Landbautipps vom Guru?

Die wahre Dimension der Landwirtschaft

Biologisch-Dynamisch ist eine Wortschöpfung zweier gestandener Landwirte, die mit anderen zusammen im Jahr 1924 zu Pfingsten Rudolf Steiner in Koberwitz zugehört hatten. Ernst Stegemann und Erhard Bartsch versuchten damit nach drei Jahren Praxis anhand von Steiners Anregungen diesem Landbau einen Namen zu geben, der sowohl die natürliche, biologische Düngung als auch den geistig-entwickelnden Aspekt dieser Agrarkultur zum Ausdruck bringen sollte. Denn Steiner hatte „nur" über „Geisteswissenschaftliche Grundlagen zum Gedeihen der Landwirtschaft" gesprochen, Hinweise zum Verständnis der landwirtschaftlichen Prozesse und viele Tipps zum Umgang mit diesen gegeben, aber keine fertige Methode und auch keinen Namen für das Ganze. In ihrem – ganz modern – sogleich gegründeten „Versuchsring" arbeiteten die Landwirte und Gutsverwalter diese dann aus.

Warum eigentlich fragten sie einen Nicht-Fachmann? Steiner war weder Landwirt, noch ausgewiesener Fachwissenschaftler. Was hat ausgerechnet ein intellektueller Vortragsreisender mit esoterischem Anspruch zu so etwas Praktischem wie der Landwirtschaft zu sagen? Das kritisieren Wissenschaftler noch heute am Biodynamischen: Unwissenschaftlich sei das Ganze, Pseudo-Tipps vom Guru. Dabei scheuten schon die frühen Demeter-Pioniere weder Vergleichsversuche mit konventionellen Höfen noch den Kontakt zu Forschung und Fachwelt, sie nahmen Steiners Aufforderung „prüfen sie selbst“ sehr ernst. Über die Jahrzehnte errangen die Biodynamiker, dass sie von der landwirtschaftlichen Fachwelt ernst genommen und dann schließlich bekämpft wurden, als die konventionelle Landwirtschaft völlig auf den agrochemischen Zug aufsprang. Ein Guru-Vorwurf war da sehr brauchbar.

Sicher, Steiners Anregungen lesen sich etwas anders als eine Fachbuchinstruktion (obwohl er selbst sich mit solcher Literatur auf den Kurs vorbereitet hatte). Er machte den Blick erstmal sehr weit auf, stellte das Leben auf der Erde in seinen kosmischen Zusammenhang, kurzum, machte auf Selbstverständlichkeiten aufmerksam, die wir heute gerne vergessen: Ohne Sonne ist hier alles nichts, und alles Lebendige ist durch die Rhythmen und Sphären von Sonne, Mond oder Planeten beeinflusst. Seine Art „rationelle Landwirtschaft“ ist erst einmal eine Absage an den rein ökonomischen Zugriff, will aus dem tieferen Verständnis der Sache heraus Gesundendes für die Landwirtschaft finden und praktizieren. Denn natürlich war Steiner neben seiner Universalität auch für viele seiner Anhänger ein Guru, er sollte Rat geben für die seelisch-geistige aber auch lebenspraktische Entwicklung, zunächst nur individuell, aber mehr und mehr auch für ganze Lebensgebiete. Vor dem Kurs hatten die Landwirte Steiner eine lange Liste von Fragen zusammengestellt – im Kern ging es um die Lebendig-Erhaltung der Böden, Pflanzen und Tiere, aber auch um die Nahrhaftigkeit für den Menschen. Wenn die Welt sich stets höher entwickelt, wie kann dann der Beitrag der Landwirtschaft dazu aussehen?

Der Witz ist, dass Steiner die Landwirte trotz poetischer Bilder nicht in höhere Sphären entführte, sondern auf das sehr konkrete Handwerk verwies, den Geist in den chemischen Elementen entdeckte, das Geistige im Dung und die Entwicklungsimpulse im Zusammenspiel zwischen Futter, Kuh, Mist und Präparaten. Dem Betriebsleiter empfahl er, den meditativen Zugang zu den ihm anvertrauten Lebenszusammenhängen zu pflegen, schließlich sei Landwirtschaft ein Organismus, ja eine Art Individualität: Der Mensch wird zur Grundlage gemacht.

Der Blick fürs große Ganze

Landwirtschaft als Organismus ist mehr als ein Produktionssystem

Der Mensch wird zur Grundlage gemacht – anders als heute im Agro-Business üblich, denken Biodynamiker die Landwirtschaft in erster Linie nicht als Produktionsunternehmen. Den Kopf in der Erde, der Boden als Zwerchfell, Verdauung und Glieder im luftig Belebten, in dem wir Menschen und ein Großteil der Natur wandeln: dieses Bild stellt Steiner an den Anfang seines Kurses für Landwirte – Landwirtschaft als Organismus gedacht. Das umfasst folgerichtig die Vielfalt der Lebewesen, der Bereiche und Funktionen einer Land(wirt)schaft, eine Bodenbelebung durch Abwechslung im Bewuchs, in Biodiversität der Arten und Sorten, sich ergänzenden Nutztierarten, Äckern und Auen, Wald, Obst und wilden Ecken, kurzum Organen, die miteinander in Beziehung stehen, das, was einen Organismus auszeichnet.

Die Kunst des Bauern besteht zunächst darin, diese Wechselbeziehungen zu einer Gesamtheit zu gestalten, Regenwurm und Kuh, Biene und Hirsch unter einen Hut zu bekommen und dem Organismus einen gewissen Abschluss zu geben, den dieser braucht. Gar nicht so einfach bei einem offenen System wie der Landwirtschaft. Das biodynamische Pflanzen von Hecken, aber auch der zur Humusbildung statt zur reinen Nährstofflieferung umgestimmte Boden dient diesem Zweck, ebenso wie eigene Züchtungsbemühungen bei Herde oder (Hof-)Sorten und natürlich das Ausbringen von Kompost- und Spritzpräparaten. Und selbstverständlich trägt ein Hof die Handschrift des einzelnen Bauern. Doch spielt in die Organe und Glieder der Landwirtschaft immer auch die Umgebung mit hinein, Landschaft, Gesellschaft, aber auch die Einflüsse von Sonne, Mond, Planeten.

Wie der Mensch, so zeichnet sich der Organismus Landwirtschaft durch Entwicklung aus. Züchtung durch Gestaltung von Futter, Düngung und Umgebung, Bodenentwicklung durch einen Futter-Mist-Kreislauf: für Biodynamiker entsteht so „eine Art Individualität". Das Praktische am biodynamischen Organismuskonzept: es ist an jedem Ort der Erde anwendbar, aber jeweils anders, weil standortangepasst.

Ganz anders das heutige Leitbild der Landwirtschaft: Maß genommen am industriellen Fertigungsprozess, geht es hier um die weltweite Standardisierung von Böden, Pflanzen, Tieren und Landschaften. Landwirtschaft wird hier linear, eindimensional gedacht, das Input-Output-Denken regiert: Komplexes wird auf wenige Produktionsfaktoren reduziert, analysiert und neu zusammengefügt. Aber: kommt ein Apfel dabei heraus, wenn ich alle seine Inhaltsstoffe zusammenrühre? In der Folge breiten sich Monokultur und Monotonie aus, Landwirtschaft als Rohstoff-Fabrik ohne Bezug zur Umwelt. Da kann man auch Weizen zu Sprit machen.

Ein Organismus dagegen entwickelt seine Kräfte und seine Gesundheit weitgehend aus sich selbst, ist mehr oder weniger geschlossen. So hält sich der Raubbau an Kräften und Ressourcen weitgehend in Grenzen. Das meint übrigens auch mehr als die eine rein ökosystemare Betrachtung des organischen Landbaus – denn es wird dynamisch: Natur ist nicht nur komplex, sondern ein geistig-wesenhaftes Gegenüber. Mit Wesen kann ich kommunizieren, da teilen wir gemeinsame Ebenen, daraus folgt Verantwortung. Genau genommen für die ganze Erde. Letztlich geht es um Kultur, nicht nur um Produktion, mehr um Kulturkost als um Naturkost!

Demeter heißt, mit Kräften arbeiten

Ein Erklärungsversuch

Was sind eigentlich „Kräfte“? In der biodynamischen Landwirtschaft kommt es ja nicht nur darauf an, dass die Stoffe das Lebendige unterstützen, sondern sie zeichnet sich durch den Anspruch aus, Kräfte im Naturgeschehen des Wachsens und Reifens zu nutzen und zu fördern.

Kraft erfahren wir primär als physikalisches Phänomen, meist unmittelbar an unserem eigenen Organismus: um der Erdanziehungskraft etwas zu entreißen, ist Gegenkraft erforderlich. Kräfte bringen, vereinfacht gesagt, Stoffliches in Bewegung. Kräfte lassen sich organisieren, sei es durch Muskeltraining oder die gezielte Einrichtung eines Magnetfeldes bzw. einer chemischen Reaktion. Ähnliches gilt für Gestaltungskräfte oder Denkkraft, denn bevor ich etwas hebe, trage, ist da ein Willensimpuls. Und vorausgehend vielleicht auch ein sozialer. Wo finden wir ähnlich Veranlassendes in den Naturvorgängen? Wer gab z .B. Nachtschmetterlingen in Europa den Auftrag, Blüten im Schwirrflug mit langem Rüssel zu bestäuben, in Amerika dagegen den Kolibris? Oder wieso wehrt sich die Pflanze gegen gentechnische Veränderung? Mehrere zehntausend Versuche braucht es, um ein fremdes Gen einzubauen – wo regelt die Pflanze das? Was trägt das Typische bei ihr solange durch? Und was treibt eigentlich die Pflanzen an, sich gegen die Erdanziehung aufzurichten?

Auch die Umgebung, weit gedacht, spielt dann eine Rolle – das Leben kommt aus dem Kosmos, von der Sonne. Ihre Kräfte sind es, die im Licht z.B. Blätter klein machen im Vergleich zu Schattenpflanzen; ihre Kräfte gestalten irdisch und planetar modifiziert das Leben hier mit Rhythmus, Form und Farbe, sie stehen Modell für Lebensprozesse. Im irdischen Wirken dürfen wir uns aber auch Kalk und Kiesel als Pflanzengestalter vorstellen, ja jeder Stoff hat eine Kräfteseite.

Kraft wächst am Widerstand durch Übung – daher bekommen Demeter-Kälber früh Heu, damit sich ihre Verdauungskraft entwickelt. Und biodynamisch angebaute Pflanzen dürfen mit Boden und Bodenlebewesen in Austausch treten, in Form der pilzlichen Wurzelbesiedlung (Mykhorriza), anstatt einen Mineraldüngereinlauf zu bekommen. Der Kräfteförderung des Bodens dienen Kompost und biodynamische Präparate. Vielseitige Fruchtfolge, Tierarten sowie Landschaftsgestaltung fördern die Binnenkräfte eines landwirtschaftlichen Organismus'. Denn zu den Eigen-Kräften der Tiere, Pflanzen und Böden, die sich aus dem typischen bzw. standortgemäßen Sein ergibt, kommen die Kräfte aus der harmonisierten Vernetzung hinzu, das Ganze ist mehr als die Summe seiner Teile: Gesundheit ist die Kraft des Organismus zur Selbstregulierung. Bin ich krank, schwindet die Kraft.

Aber wie sehen diese Kräfte denn nun konkret aus? Da wird, neben dem anthroposophischen, an die Naturreiche angelehnten Konzept von physischen, lebendigen, seelischen und individualisierenden Kräften mal von „Strahlungswirksamkeit“ oder „Informationen“ und „Energien“ gesprochen oder es werden „Bildekräfte“ gezeichnet. Das zeigt nur: So genau wissen wir es nicht, die anthroposophische Forschung hat sich gerade bis in die Anfänge der Differenzierung des Ätherischen, des Lebenskräftebereichs vorgetastet. Aber wir wissen auch, dass Ein-Stimmungen wie Empathie heilsame Kräfte sein können und dass es Mittel gibt, in den Fluss der Lebensvorgänge hier und da wirksam ein Stöckchen zu legen, Bedingungen zu gestalten, z.B. mit den biodynamischen Präparaten. Es ist wohl mehr als Wissenschaft vonnöten, um zu erkennen, wie die Naturwesen eine Blume malen.

Vom ABC der Pflanze

Was Wachstum wirklich fördert

Biodynamisch heißt, mit den Kräften der Natur arbeiten. Aber wie handhabt man diese konkret? Zum Beispiel in einem extrem trockenen Frühjahr? Regen konnte noch keiner machen. Glücklich, wer bewässern kann. Doch lassen sich Boden und Pflanze auf Eventualitäten vorbereiten: Vor allem auf den Humus kommt es dabei an, gefördert durch abwechslungsreiche Fruchtfolge, regelmäßige Gründüngung, guten Kompost sowie die biodynamischen Kompost- und Spitzpräparate. Das zeitigt nachgewiesenermaßen Erfolg: Der Boden nimmt besser Wasser auf, hält es länger und ist weniger erosionsanfällig. Heckenpflanzungen bremsen die Bodenverdunstung, ebenso Hacken, Mulchen oder Abdecken mit Netzen. Viel mehr liegt nicht in der Hand des Landwirts. Vielleicht, wenn wieder Regen kommt, Hornmist und Hornkiesel spritzen, um Boden und Pflanzen neu anzuregen.

Ein ungewöhnliches ABC des Pflanzenwachstums finden wir in Steiners Kurs für Landwirte. Ausgehend davon, dass nichts Geistiges ohne Stoff wirken kann und jeder Stoff Geistiges repräsentiert, fragt er: Was an der Pflanze ist kosmisch, was ist irdisch? Steiner beschreibt den Samen als aktuellen Abdruck des Kosmos und macht die Planetenrhythmen verantwortlich für Farbe und Form z.B. der Blüten. Alles, was wächst, stellt Steiner in eine Kräftematrix aus sieben Wirkprinzipien des Lebendigen, die er mit den Planeten samt Mond und Sonne assoziiert: Die von der Sonne bewegten Kräfte und Substanzen gestalten unterschiedlich, je nachdem, wie der Chor der Planeten mittönt, ob diesseits oder jenseits der Erdbahn, ob direkt oder durch den Boden vermittelt. So entstehen die Impulse für Wuchern oder Reife, für Masse oder Aroma. Die Pflanzenbestände selbst werden als Organe der vegetabilen Oberfläche unseres Planeten betrachtet.

Die terrestrische Mitwirkung entsteht durch Kiesel und Kalk, Überbegriffe für silikatreiche bzw. kalkhaltige Böden und die Gesteine darunter: sie vermitteln Wachstumstendenzen, die der Ton als dritte Kraft und Substanz ausgleicht. Der Humus als vierte Kraft ist Gedächtnis des Bodens, ja irdischer Gegenpol zur Sonne. Eine Bodenerhöhung, wie der Anbau auf Dämmen, wirkt hierzulande verlebendigend – kosmisch. In der Extremsonne der Tropen aber verbrennt so der Humus.

Zum biodynamischen Werkzeugkasten gehört natürlich eine Blaupause: Landwirtschaft als Organismus, der zu einer Art Individualität zu entwickeln ist, mit einer Vielfalt an Organen und Vernetzung schaffenden Elementen wie Kuh, Landschaft, Biene und biodynamischen Präparaten, die als betriebliche Essenz das angestrebte Eigen-Sein fördern. Das ABC umfasst auch die chemischen Bausteine des Lebens, die im Eiweiß das je Eigene des Individuums bis hin zur ausgereiften Eiweißqualität der Pflanzen prägen: Stickstoff, Sauerstoff, Kohlenstoff, Schwefel, Wasserstoff. Doch kommt es bei allen Vorgängen darauf an, dass sie aus dem Lebenszusammenhang heraus wirksam werden, dass z.B. Stickstoff eben nicht aus der Fabrik kommt, dabei Energie fressend, sondern von Knöllchenbakterien am blütenreichem Klee in den Betrieb eingeatmet wird, aus der die Erde umgebenden Atmosphäre.

Sogar konventionelle Bauern sprechen heute davon, dass ihr Getreide möglichst ungestresst wachsen sollte. Wellness für Pflanzen, und biodynamische Landwirte haben das Handwerkszeug dazu, wenn sie sich auf die Naturvorgänge einstimmen und die günstigen Momente treffen. Dann können wir, so Steiner, im Apfel den Jupiter essen und in der Pflaume den Saturn, können wir solcherart Bildekräfte ahnen, wenn wir es üben.

Was heißt hier kosmisch?

Eine irdische Betrachtung zur Landwirtschaft

Lassen Sie uns den üblicherweise diffusen biodynamischen Verweis auf den Kosmos mal tiefer hängen: Ohne Universum geht's ja gar nicht – wir leben schließlich auf einem Planeten! Der Verweis aufs Kosmische ist also eine Binsenweisheit, von modernen Menschen allerdings meist komplett ignoriert, Astrophysiker mal ausgenommen.

Dass bei uns auf der Erde alles so zauberhaft kommod eingerichtet ist, nehmen wir heutzutage als selbstverständlich, dabei rotieren da draußen Sphären und Welten, um alles in Balance zu halten. Noch bei Kepler hieß das Sphärenharmonie. Und haben Sie sich schon mal gefragt, warum Sonne und Mond für uns Irdlinge gleich groß wirken?

Biodynamische Bauern betrachten das aber lieber konkreter. Der Sonne großes Feuer speist alles Leben hier: Licht und Wärme, Teilchenströme und elektromagnetische Winde fauchen auf die Erde zu – gut dass diese eine Atmosphäre hat. Dieser Puffer – im kosmischen Zusammenhang entstanden, schützt das Leben, macht es im Wechselspiel mit den Sonneneinflüssen erst möglich. Auch ist die aktuelle Zusammensetzung der Atmosphäre nicht selbstverständlich: Sie hat sich, beeinflusst durch das Leben auf dem blauen Planeten und angeregt durch die Sonne in Phasen so entwickelt, weshalb manche Wissenschaftler von der Erde als einem Organismus sprechen. Steiner nennt die Erde einen Lebens-

Keim im Makrokosmos. Lassen wir dieses Bild auf uns wirken, dann erschließt sich die eigentliche Aufgabe der biodynamischen Landwirte.

Auch die Photosynthese ist ein Wunder, die irdische Antwort auf die Sonne. Deren Licht bestreicht – rein geometrisch gesehen – jeden Ort der Erde anders! Unser Zentralgestirn strukturiert den irdisch-kosmischen Quell des Lebens durch Licht, Form, Rhythmus, Aufrechtstreben. Nicht die Liebe ist es, die das Leben in Schwung hält, sondern die Photosynthese, so hieß es mal in einem Wissenschaftsblatt. Vielleicht ist diese Sonnen-Erdenbeziehung ja eine Art kosmische Liebe?

Das trifft sich mit der Einstellung vieler biodynamische Bauern: Sie vertrauen in die Natur, statt sie misstrauisch zu bekämpfen, fürchten nicht ständig feindliche Attacken auf ihre Felder, sondern bauen auf die Überschusskräfte von Mutter Erde, die es nur richtig handzuhaben gilt: Liebe zu den Wesen mit denen man umgeht, und seien es nur Regenwürmer.

Jedes terrestrische Phänomen entsteht aus der unterschiedlichen, jeweils typischen Mischung von kosmischen und irdischen Einflüssen. Diese richtig zu balancieren, dazu ist in der Landwirtschaft das entsprechende Organ der Boden. Doch diese einst entwickelte Kunst der Bauern wurde ihnen fortschrittshalber abgewöhnt, wie der Umwelthistoriker Uekötter in seinem Buch „Die Wahrheit ist auf dem Feld“ schreibt, nur die Ökobauern hätten dieses Wissen bewahrt und weiter entwickelt. Ökolandbau- und Umweltverbände propagieren heute Ansätze einer „solaren Landwirtschaft“. Die zielt darauf ab, die Abhängigkeit unserer Ernährung von Öl und von energieintensivem Mineraldünger zu überwinden, CO_2 zu speichern durch Humusbildung in Acker- und Grünland, weniger Fleisch zu verzehren, Energie zu gewinnen aus Abfallstoffen und Zwischenfrüchten statt aus Monokulturen. Sie arbeitet mit dem kosmisch-solaren Hier und Jetzt, statt sich auf endlichen fossilen Vorräten auszuruhen. Für diese Anpassung muss auch der Öko-Landbau weiterentwickelt werden. Doch werden eher Milliarden verplempert, um Wasser auf dem Mars zu suchen, statt mit viel weniger Geld weltweit Menschen darin zu unterweisen, wie sie mit ökologischen Verfahren Böden fruchtbar machen. Es scheint, als greife der Mensch lieber für seine Ewigkeit nach den Sternen statt fürs Überleben aller in die Erde.

Kosmisch – reloaded

Biodynamik zwischen Praxis und Metawissenschaft

Ja, der Kosmos lässt uns nicht los, besonders wenn's ums Biodynamische geht. Drehen wir noch eine Runde! Die klassische Lehre der Dynamik leitet sich von den Bewegungen der Planeten und Gestirne ab. Diese haben Jahrtausende lang den Menschen den Rhythmus angegeben, in Stonehenge, Assur, Chichén Ìtza oder Alsbach angezeigt, was die Jahreszeit geschlagen hat; das gilt noch heute für die Terminierung des Osterfestes. Viele Muster nicht nur in unserer Kultur, auch in der Natur, sind aus dem Kosmos vorgespurt, das Leben auf der Erde steht ja mittendrin. So korrelieren, von der Erde aus betrachtetet, z.B. Planetenzyklen geometrisch mit bestimmten Blütenstrukturen, schön beschrieben in den Büchern von Joachim Schultz oder Ernst-Michael Kranich.

Die Relevanz des „Kosmischen" für Alltäglich-Irdisches ist jedoch nicht so ohne Weiteres zu entschlüsseln, selbst mit dem so einfach zu beobachtenden Mond: Nach welchem seiner zahlreichen Rhythmen soll ich nun Radieschen gießen? Hartmut Spieß hat in seiner Forschung über zwölf Jahre immerhin einige Wirkungen der Hauptrhythmen des Mondes auf Pflanzen ermittelt. Was auch zeigt: Das Thema Kosmos ist nichts für Ungeduldige.

Steiner geht es bei seinen Hinweisen auf diese Dimension des Lebens wohl auch eher um eine grundlegende Alchemie des Lebendigen, zu begreifen als Metawissenschaft, weniger Natur- denn Kulturwissenschaft. Seine Anthroposophie will ermöglichen, die großen Zusammenhänge zu verstehen und von daher die Details herzuleiten.

So hat der Forschungsring für Biologisch-Dynamische Wirtschaftsweise lange Jahre systematisch polare Licht- und Schattenwirkungen im Pflanzenwachstum untersucht, als Grundlagen zur Beurteilung der Qualitäten im Pflanzenwachstum oder von Lebensmitteln. Substanzen und Prozesse lassen sich demnach polar ordnen, z.B. Stickstoff und flaches Wurzeln zu einem wässrig-mineralischen, „schattigen“ Pol, Aromabildung oder tiefes Wurzeln eher zum „sonnigen“. Dem zugrunde liegt das Verständnis, dass die aufbauenden Lebensprozesse lichtinduziert sind und dass letztlich die in die Ernährung harmonisch eingebundenen Lichtkräfte dem Menschen die Emanzipation vom rein Irdischen ermöglichen.

Wie differenziert Sonnen- und Erdenkräfte wirken, lässt sich u.a. mithilfe einer Dissertation von Jürgen Fritz verstehen: Er verknüpft die Angaben Steiners zu den fünf kosmisch-irdischen Kräfteströmen mit der These, dass diese sich in den das Wachstum regulierenden Pflanzenhormonen wiederfinden. Hornkiesel frischt im biodynamischen Modell den für den Wachstumsstrom verantwortlichen Teil der Sonnenkräfte auf, der von unter der Erde gespiegelt und durch den äußeren Planetenkreis modifiziert wird. Für Längenwachstum und Fruchtausbildung aber ist das Hormon Gibberellin in der Pflanze zuständig. Das war ein Treffer! Hornkiesel zeigte im Versuch Wirkungen, wie von einer Gabe des Hormons zu erwarten.

Biodynamisch betrachtet sind also Kosmisches und Irdisches immer verknüpft. Die Himmelswelt liefert vielfältige

Vorlagen für die Natur, unter anderem die sieben Planeten für die prinzipiellen Lebensvorgänge Atmen, Wärmen, Aufnehmen, Abgeben, Erhalten, Wachsen und Erneuern. Der jeweilige Mix der Kräfteebenen und ihrer Ausprägung beschreibt Typisches wie Abweichendes. Das ist Grundlage für Bauern und Gärtner, die Balance des ihnen Anvertrauten auszurichten.

Noch eins lehrt die Himmelsbetrachtung: Kein Moment gleicht einem anderen. Selbst wenn das platonische Weltenjahr sich wiederholt, steht die Sonne längst an ganz anderer Stelle unserer Galaxie. Jeder Tag ist neu, das ist die Grundlage für Geistesgegenwart. Daher kommt es mehr auf Wesensverständnis denn auf Stochastik an, denn dieses ist bereit für Neues, jene extrapoliert aus dem Gestern.

Über das Geistige in der Möhre

Was uns ernährt

Der Mensch ist, was er isst? Oder isst er, was er ist? Egal wie herum: das ist die materialistisch-stoffliche Betrachtung. Aber sie trifft weder wissenschaftlich noch biodynamisch betrachtet zu – höchstens zeigt sich das vielleicht bei Krankheiten oder an der Gesichtsfarbe von Kleinstkindern mit verschärftem Möhrenbreikonsum. Schließlich wird alles, was wir normalerweise zu uns nehmen, von unserem Körper ins Kleinste zerlegt, ausgenommen Umweltgifte. Und, wenn man genau nachrechnet, bleiben nur fünf Gramm des täglich Aufgenommenen in uns zurück.

Was also ernährt uns?

Es scheint, als komme es beim Essen mehr auf die Qualitäten an als auf die Quantitäten. Das wird sofort einsichtig, wenn wir uns klarmachen, dass das Aufnehmen von Nahrung unsere intensivste Verbindung zur Welt ist: Wir lassen sie sinnlich und stofflich in uns hinein und das in eine Region, die sich unserem Bewusstsein teilweise entzieht! Nicht umsonst ist der Darm so dicht umflochten von Nerven wie kein anderes Organ außer Hirn und Mark. Und wenn wir uns außerdem daran erinnern, dass das Auge mitisst, sprich, der ganze Mensch mit seinen Sinnen und Empfindungen beim Essen dabei ist, wird deutlich: Ernährung besteht aus viel mehr als nur aus Stoffnachschub oder Energie.

In der Quantenphysik entsteht alles aus Beziehung und schon Goethe stellte fest: In der lebendigen Natur geschieht nichts, was nicht in einer Verbindung mit dem Ganzen steht. In einer Mahlzeit spiegelt sich die ganze Geschichte eines Lebensmittels ebenso wie unsere eigene Geschichte und Verfassung zu diesem Zeitpunkt. Alles andere also als nebensächlich! Die Fragen, die sich daraus ergeben, reichen bis zur Gerechtigkeit in Zeiten der Globalisierung, zur Politik und zum Weltfinanzsystem. All das essen wir mit. Auch wenn in einer Küche Despotismus oder Ausbeutung herrschen. Wir essen nicht allein für uns.

War das mit geistig gemeint? Sicher auch, doch haben die sinnlich erfahrbaren Qualitäten ebenfalls eine geistige Seite. Was uns aufbaut und zu Menschen formt, sind vielerlei Eindrücke und Intentionen, nicht nur das Essen. Dieses allerdings kann uns dabei unterstützen, man denke nur an Sportler. Anthroposophisch gedacht, entwickelt der Körper durch das Zerlegen der Nahrung Kräfte in Reaktion auf das jeweilige Lebensmittel. Wir essen nicht so etwas wie Bildekräfte, sondern der Körper orientiert sich an ihnen. Umso besser, wenn er dabei lesbare Botschaften bekommt, die stärken, nicht verunsichern, so dass Seele und Geist unbelastet davon sind.

Demeter-Landwirte und -Gärtner streben daher an, im Anbau das Typische z.B. der Möhre zu realisieren: kein Dünge- oder Chemiedoping, dafür harmonisieren mittels biodynamischer Präparate. Auch werden für Demeter-Gemüse ungern Hybridsorten angebaut, denn diese sind die züchterische Verbindung zweier Extreme: gut für homogenen Massenertrag, aber zerrissen in ihrer Kräftekonfiguration und meist mager im Geschmack. Genau der ist aber für biodynamische Züchter ein Auswahlkriterium: Denn Duft, Farbe, Geruch und Geschmack weisen aus der Sinneswelt heraus auf andere Qualitäten hin, wecken in uns Seele und Geist. Steiner nennt das „Ernährung durch die Sinne“ oder „kosmische Ernährung“. Die samenfeste biodynamische Möhren-Sorte „Rodelika“ ist ein inzwischen bekanntes Beispiel dafür, was dabei entstehen kann.

Letztlich ist das, was wir essen, neben spirituellen Aspekten zugleich ein persönliches wie ein politisches Statement: Geben mit unserem Einkauf Aldi & Co. den Auftrag für die nächsten Möhren oder denen, die sich wirklich kümmern? Mampfen wir, füllen wir uns auf, genießen wir oder bereiten wir uns mit unseren Mahlzeiten auf etwas vor? Verbinden wir uns bewusst mit der Welt?

Rationelle Landwirtschaft

Erzeugung mit der Natur folgt anderen Gesetzen als der ökonomische Mainstream

Ist es rationell, bloß weil es alle tun? So lautet das Hauptargument für die sich zunehmend industrialisierende konventionelle Landwirtschaft, die immer noch 94 Prozent aller Bauern in Deutschland betreiben. Vermeintlich renditegetrieben braucht es da immer mehr Land, immer mehr Technik, immer weniger Menschen, immer weniger Natur und Natürlichkeit. Mit allen Folgen dieses Wachstumszwangs für Umwelt und Gesellschaft. Gemeingüter wie sauberes Wasser oder Biodiversität werden geschädigt, deren Reparaturkosten der Allgemeinheit aufgelastet. Dagegen würden Ansätze einer ganzheitlichen Ökonomie helfen, wenn Natur und Soziales ebenfalls in die Bewertung einflössen, nicht nur Kapitaleinsatz. So handhabt es z.B. die Regionalwert AG. Aktuell aber steigt der Anteil landwirtschaftsfremder Investoren und Spekulanten rasant – Thema sichere Werte und Rohstoffe – und damit der Renditezwang. Dass die meisten Nutztiere leiden, hängt auch mit dem engen Blick auf Kapitalverwertung zusammen. Irgendwann sind die biologischen Möglichkeiten eines Huhns halt ausgereizt.

Der Trend dazu begann schon mit der Plantagenwirtschaft, spätestens aber im 19. Jahrhundert mit dem Aufkommen von Kunstdünger und Zuckerindustrie. Rudolf Steiner zielte 1924 mit seinem Kurs zum Gedeihen der Landwirtschaft auf eine rationelle Landwirtschaft. Und meinte damit zunächst den Hof: dessen Elemente wie Acker, Vieh, Obst oder Wald sollten so aufeinander abgestimmt sein, dass sie sich gegenseitig stärken. Durch die Pflege von Boden und Vielfalt, durch hofeigenen Dünger, Züchtung und biodynamische Präparate werden die Binnenkräfte einer Landwirtschaft gefördert. Der Landwirt solle die Lebensbereiche, mit denen er umgeht, nicht verwalten, sondern ein persönliches Verhältnis zu ihnen entwickeln: es geht um wesenhaftes Erkennen. Daraus folgt: möglichst viel interne Ökonomie, innerbetriebliche Verwertung, Kreisläufe aufbauen, Fördern der lebendigen Produktionsfaktoren Boden, Pflanze, Tier, und letztlich kommt es auf Geist mehr an als auf Kapital. Eine solche multifunktionale Landwirtschaft erwirtschaftet reichlich Koppelprodukte, inner- und außerbetrieblich, landwirtschaftlich wie gesellschaftlich-sozial oder für die Natur. Eine so betriebene „rationelle Landwirtschaft“ schafft Verbundenheit, auf allen Ebenen, biologisch wie menschlich. Agrarkultur eben, wie auf vielen Demeter-Höfen. Was übrigens nicht mit der Größe zusammenhängt oder damit, dass der Traktor durch das Pferd ersetzt wird, sondern mit dem umfassender ergriffenen „Auftrag“ und entsprechendem Arbeitskrafteinsatz.

Doch bewirken die heutigen Vorgaben der Agrarpolitik, dass, wer wirklich rationell und effizient wirtschaftet, ziemlichen Wettbewerbsnachteilen unterliegt. Kürzlich zeigte eine Studie, dass Ökobauern anteilig weniger staatlich gefördert werden als konventionelle, die massive Ungleichheit bei der Forschung noch nicht eingerechnet. Hier müssten es 80 Millionen Euro sein, wenn Deutschland sein formuliertes Nachhaltigkeitsziel, das unter anderem 20 Prozent Ökolandbau vorsieht, ernst nähme. Real sind es keine acht Millionen.

Ernährung und Landwirtschaft kann man nicht allein nach technischen Referenzen und ökonomischen Algorithmen gestalten. Statt eines anonymisierten, durch sogenannte „Märkte" repräsentierten Agrobusiness' braucht es eine natur- und menschengemäße Agrar*kultur*, die auch das Überleben auf dem Land ermöglicht, in Europa und anderswo. Konsumenten sollten sich fragen: Wem vertrauen wir unsere Zukunft an, wenn wir einkaufen oder Geld anlegen – nachhaltigen Wirtschaftsformen oder dem Turbokapital? Und: Sind wir bereit, einen Beitrag zu leisten, um Öko-Landwirtschaft mehr als bisher möglich zu machen – über den Preis oder politisch? Von Berlin und der EU ist zurzeit nichts zu erwarten – Bürger müssen mitsprechen und die Sache selbst in die Hand nehmen. Auch und gerade als Konsumenten.

III.

AUS DEM BIODYNAMISCHEN NOTIZBUCH

Spiritualität und Landbau

Demeter-Landwirte zeigen Wege zum konkreten Handeln

Neulich fragt mich jemand: Wie spirituell sind eigentlich Demeter-Bauern? Schwer zu beantworten. Jedenfalls so ganz im Allgemeinen und für andere. Denn, ich finde, die persönliche spirituelle Entwicklung ist etwas sehr Individuelles. Die Wege sind so vielfältig, wie es Menschen und Lebenssituationen gibt. Kann ich also eine Gruppe, die ihre Arbeitswelt nach nicht allein technischen Vorgaben gestaltet und zertifiziert, spirituell nennen? Demeter-Bauern sind seriös mit einer gewissen Hingabe um Mensch und Natur bemüht, dazu originell mit ihren Ansätzen, aber ist das schon spirituell? Sicher, man begegnet in der biologisch-dynamischen Bewegung mit weit höherer Wahrscheinlichkeit als sonst Menschen, deren Motiv nicht Geldverdienen oder Status ist. Aber ist ideell schon spirituell?

Religion spielt bei manchen Biodynamischen eine wichtige Rolle, bei anderen nicht, es treiben Christen, Hindus, Muslims und wohl auch atheistische Freigeister biologisch-dynamische Landwirtschaft. Doch liegt ihr Augenmerk nicht auf Kälbchen knuddeln, sie wedeln weder mit Weihrauch, bevor sie den Traktor anwerfen, noch lassen sie Forken bei Uri Geller biegen und bestellen Kornkreise beim Universum. Spiritualität kann man so nicht messen. Wohl aber gibt es bei vielen Demeter-Bauern die tiefe Überzeugung, dass da mehr wirkt, als wir wiegen, zählen, messen können und, dass wir das mit einiger Übung lernen können, zu verstehen. Biodynamisch ist ein Weg, keine Anbaumethode.

Zum Beispiel Präparate: Was von manchen als vermeintliches Hexenwerk verhöhnt wird, ist nichts weiter als Arbeiten mit dem, was der Bauer naturgegeben sowieso hat: z.B. Quarz, Kuhmist und Kuhhörner, heilsame Pflanzen wie Schafgarbe oder Brennnessel, Hirschblase vom Jäger. Neu – und da fängt das Kreative an, ist die Kombination. Spirituell wird es, fragt man nach dem Woher und Wozu, nicht Mehrertrag ist das Ziel. Praktischerweise kann man sie gemeinsam machen und anwenden, auch mit Nichtlandwirten, und Wissenschaftler belegen sogar, dass und wie sie wirken. Die Demeter-Grundlagen sind kein Geheimnis.

Spirituelles ist nicht zu verwechseln mit Spiritistischem. Spiritualität bedeutet Arbeit, um Bauch, Herz und Hirn zu verschmelzen zu einer erkennenden, fühlenden und handelnden Einheit. Schmieden von inneren, seelisch-geistigen Instrumenten, wenn man seine Kühe betrachtet oder Kundenbeziehungen meditiert. Nur muss man sich dafür regelmäßige Muße-Minuten verordnen.

Zugegeben, auch wir bei Demeter sind da Übende, aber damit lässt sich schon eine Menge bewegen. So beurteilen Demeter-Landwirte und Züchter Lebensmittel und Lebenskräfte nicht nur stofflich, sondern auch qualitativ, anhand der Bildekräfte. In der Forschung gibt es Mut zu ungewöhnlichen Fragen, in der Vermarktung werden oft gemeinsame Wege mit den Kunden gesucht. Auch darf Schönheit ein Ziel sein beim Züchten einer Kuhherde und beim Gemüse der Geschmack. Es gibt Versuche mit Eurythmie und Saatgut, Weihnachtsspiel im Stall oder ganze Tagungen nur um ein Buch: Steiners Vorträge über Geisteswissenschaftliche Grundlagen zum Gedeihen der Landwirtschaft. Auch wenn ein Landwirt seine Souveränität zurückerobert, wenn er versucht, von Erdöl, Agrarmultis und Banken unabhängig zu werden, ist das Ausdruck spiritueller Impulse. Und Steiners Geisteswissenschaft bietet die spirituelle Brille für's Konkrete. So pflegt der biodynamische Lämmerhof mit Begeisterung hektarweise ertragsarme Moorlandschaft – Nutzen zeigt sich da erst, wenn man Arten- und Klimaschutz in die Bilanz einbezieht.

Zu Ende denken. Mitfühlen. Danach handeln. Das ist Aufgabe genug. Und mir reicht es an Spiritualität, wenn einer beim Säen und Ackern auch daran denkt, dass es mir, meinen Kindern und der Natur mit seinen Erzeugnissen wohl wird und er weiß, dass wir uns darüber freuen.

Demeter und vegetarische Lebensweise

Weniger ist mehr

Es gibt gute Gründe, vegetarisch zu leben. Wohl mehr als eine Million Menschen in Deutschland tun es. Und es werden mehr. Zuletzt hat das Sachbuch des Romanciers Jonathan Safran Foer „Tiere essen" die Diskussion darüber befeuert, ob es vertretbar ist, dass wir pro Kopf jährlich mehr als 70 Kilo Fleisch und Wurst verzehren.

Zumal wenn man spirituell orientiert ist, stellt sich irgendwann die Frage: „Wie hältst Du's mit dem Fleisch?" Denn neben körperlichem Ekel, möglichen positiven Effekten des Fleischverzichts auf Gesundheit und Lebenskräfte oder seelisch-ethischer Verbundenheit mit dem Tier gibt es Hinweise spiritueller Lehrer verschiedenster Traditionen, die vegetarischer Kost im Hinblick auf die persönliche Entwicklung den Vorzug geben – auch Rudolf Steiner tat das.

Nun kenne ich allerdings auch sehr spirituelle Menschen, die schon mal zum Steak in der Pfanne raten. Ist Fleisch doch ein Stück Lebenskraft? Und wenn – welche? Ich jedenfalls bin kein Vegetarier mehr, seit ich nachgerechnet habe. Für meine Milch-Käse-Yoghurt Ration entstehen auf einem Demeter-Gemischtbetrieb mit einer angenommenen Kuh je Hektar zugleich eine Tagesration von ungefähr 30 Gramm Fleisch für mich. Lebte ich vegan, äße also nur pflanzliches, so entstünden als Beiprodukt zum täglichen Müsli immerhin noch eine Tagesportion von 15 bis 20 Gramm Fleisch.

Denn mein Hafer soll ja bio sein. Biobetriebe erreichen dauerfähige Bodenfruchtbarkeit durch Kleegras in der Fruchtfolge. Das frisst die Kuh, veredelt es zu Mist und sie ist auch sonst ein Tier mit Mehrfachnutzen, liefert Milch, Fleisch, Leder, Landschaft und woanders auch Zugkraft. Noch nützlicher sind Wiederkäuer, wenn sie allein aus Dauergrünland Lebensmittel gewinnen, denn das kann man anders nicht nutzen. Da es weltweit mehr natürliche Weiden als ackerfähiges Land gibt, darf die Menschheit auf deren Beitrag zur Welternährung nicht verzichten.

Im Übrigen würfe eine Pflicht zur veganen Ernährung das Problem auf, was wir mit den dann überflüssigen Nutztieren anstellen sollen? Mal eben zwölf Millionen Rinder hierzulande schlachten? Oder frei laufen lassen, wie in Indien? Und: Was würde ohne Jäger mit dem Wild und was würde aus Wäldern und Feldern? Und was sollen Inuit anbauen?

Imperative helfen hier nicht, denn jedes Motiv zu diesem Thema ist ein individuelles und verdient als solches Respekt, nicht Bekehrung. Das gilt fürs alltägliche Zusammenleben – wo Fleischesser (meist männlich) mit Vegetariern (meist weiblich) an einem Tisch auskommen müssen und umgekehrt. Glücklicherweise erweitert sich das Angebot in Restaurants und Kantinen um akzeptabel Vegetarisches, es gibt ihn sogar schon, den „Veggie-Day“ in manchen Städten. Denn sicher ist auch: Von unserem durchschnittlich hohen Fleischkonsum müssen wir runter – vor allem aus Klima-, aber auch aus Gesundheitsgründen: Es gilt, das richtige Maß zu finden – Faktor 5. Denn das meiste hierzulande, aber auch im Weltmaßstab gehandelte Fleisch kommt eben nicht von genügsamen Schafen, Ziegen oder Kühen, sondern von

Kraftfutter zehrenden Hühnern, Schweinen und Bullen. Die Deutschen essen 9,5 Kilo Rind im Jahr, aber doppelt so viel Geflügel und viermal soviel Schwein. Das ist erstens Verschwendung der Ernten – denn gefüttert werden Getreide und Leguminosen – in direkter Nahrungskonkurrenz zum Menschen. Zweitens ist es meist industrielle Landwirtschaft mit allen Folgen und drittens Klima- und Umwelt schädigend, weil vor allem auf Importfutter beruhend. Noch einmal zum Maß: Der modellhafte biodynamische Gemischtbetrieb erzeugt viel mehr Fleisch vom Rind als von anderen Tieren, aber es reicht im Jahr auch für nur einen Anteil Fleisch von zehn Kilogramm pro individueller Jahreskäse- oder -müsliportion. Schweine und Hühner sind hier nur Resteverwerter. Also ist eher der maßvolle – stark reduzierte Fleischverzehr gefragt, Flexitarier heißt das auf neudeutsch.

Die mit dem Mond

Demeter zwischen Klischee und Überzeugungskraft

Vor einigen Jahren wurde der Mondscheinkäse der Molkerei Andechs von Konsumenten und Lesern des Demeter-Journals zum Demeter-Produkt des Jahres gewählt. So lecker der sanft-würzige Schnittkäse schmeckt, das Marketing bedient sich eines gängigen Klischees: Demeter, das sind die mit dem Mond. Damit erreicht man zwar manche Verbraucher, nicht aber umstellungswillige Bauern oder Fachleute. Durch den Schuss demonstrativer Esoterik werden eher falsche Bilder und Vorurteile geweckt, auch: „Die hinter dem Mond!“

Doch Demeter ist Sonnen-Landwirtschaft! Ohne Sonne geht hier auf unserem Planeten gar nichts. Und alles, was aus dem All auf uns wirkt, kommt als Modifikation ihrer mächtigen Wirkungen bei uns an. Auch der Mond reflektiert nur ihr Licht. Seine Massenwirkung auf die wässrigen Schichten unseres Planeten setzt alleine keinen Wachstumsimpuls, sondern wirkt nur als Modifikator von Licht und Wärme unseres Zentralgestirns. Aber sind nicht die Aussaattage von Maria Thun Kernstück des Biodynamischen? Die Demeter-Richtlinien sagen dazu nichts, aus guten Gründen. Neben Plausibilitätsproblemen steht der wissenschaftliche Nachweis aus; die umfassendste Forschungsarbeit dazu, die zwölf Jahre währende Versuchsserie von Hartmut Spieß, der damit habilitierte, fand keinen Zusammenhang von Pflanzenwachstum und Thuns System der vierfältigen Mondenwirkung. Doch hat die rührige Botschafterin des Biodynamischen dessen Bild als „Mond-Anbau“ weltweit geprägt, obwohl es ihr mehr um die Wirkung von Tierkreis und Planeten ging.

Auch „zurück zur Natur“ ist so ein falsches Bild für die biodynamische Landwirtschaft, genauso wie Ur-Korn oder Ur-Viecher im Stall: ein Dino-Steak vom Demeter-Hof? Demeter-Landwirte verstehen sich als moderne Bauern, der Gärtner und Autor Christian Hiß spricht gar von „Kulturkost“, anstelle von „Naturkost“. Und sie praktizieren Demeter nicht als „Verzicht“, z.B. auf agrochemische Hilfsmittel, sondern als zukunftsfähiges Verfahren, das prinzipiell in der Landwirtschaft selbst sein Repertoire an Mitteln und Techniken findet. Also alles andere als ein Rezeptbuch. Manche finden sogar den Begriff „Methode“ falsch, denn es kommt aufs Lernen und Beobachten am jeweiligen Landwirtschaftsobjekt an, nicht nur auf pauschale Anwendungen. Demeter ist eben mehr als „Bio plus Präparate“. Auch „Kreislaufwirtschaft“ klingt schräg – nach Abfallrecycling, während das Zusammenspiel von Kleegrasfutter, Kuhmist und biodynamischen Präparaten eine offene Spirale der Entwicklung von Boden und Betrieb meint.

Diffizil wird es beim Beschreiben der Wirkungsweise der biodynamischen Präparate: Feinstofflich, energetisch, informierend? Die eingesetzten Mengen sind homöopathisch, nicht aber die Prinzipien des Biodynamischen. Versuche zeigen Katalysatoren-ähnliche Effekte über den Hormonhaushalt der Pflanzen, dennoch bleibt die Wirkweise bisher weitgehend ein Geheimnis.

Demeter-Landwirtschaft taugt darüber hinaus nur begrenzt zu idyllischen Projektionen: Auch Demeter-Ferkel müssen (noch) kastriert werden, auch ein Demeter-Hähnchen lebt nur ein Vierteljahr, auch Demeter-Kälbchen werden von der Mutter getrennt. Und auf dem Arbeitszettel stehen nicht Asyle für Wichtel und Elementarwesen, wohl aber Hecken und Blühstreifen.

Dagegen sind viele Demeter-Landwirte handfest innovativ, wie Manfred Schmid, der versucht, männliche Küken der heute einseitig auf Eierlegen spezialisierten Rassen zu mästen: Die werden sonst massenhaft getötet, weil sie schlecht zunehmen. Oder Bauern, die keine Hybridpflanzen mehr anbauen, oder in geräumige Ställe für Kühe mit Hörnern investieren. Alles ökonomische Risiken. Da und bei vielem anderen aber können wir als Konsumenten mithelfen. Mit richtigen Vorstellungen und angemessener Preisbereitschaft.

Zeit für bio-dynamische Präparate

Boden und Pflanze etwas Gutes tun

Wenn alles ergrünt und sprießt ist für Bauern die Zeit, in der die Pflege der Kulturen sie am meisten beansprucht, abgesehen von der Ernte. Ökobauern müssen Unkraut striegeln, hacken und jäten, vielleicht noch mal düngen und sich um die Gesundheit ihrer Pflanzenbestände kümmern, das Vieh auf die Weide bringen. Auch Demeter-Bauern greifen in den Lauf der Natur ein, denn ohne das würden hierzulande nur Wald und verbuschende Wiesen wachsen. Doch macht die Haltung den Unterschied. Sie wissen, dass sie dem Lebenszusammenhang der Natur etwas zurückgeben müssen, nicht nur Nährstoffe. In seinem Kurs für Landwirte sprach Steiner vom unumgänglichen Raubbau an den Kräften der Erde. Speziell für diese Geste des Zurück-Gebens wurden die biologisch-dynamischen Präparate entwickelt.

Ob biologisch-dynamische Landwirte, Erwerbs- oder Hausgärtner: die Präparate werden nicht nur ausgebracht – gespritzt oder über den Kompost – damit es besser wächst, oder damit sich die Qualität der Feldfrüchte verbessert, sondern auch, um der Erde etwas Gutes zu tun, Wellness-Anwendungen für Boden und Pflanze sozusagen. Praktisch, dass es Substanzen sind, die prinzipiell auf jedem Bauernhof zu finden sind, wie Kuh-Hörner, Kamille oder Brennnessel.

Das Schöne zudem: Hier gilt ausnahmsweise das Motto „viel hilft viel". Am besten dreifach und gezielt. Wenn also der Boden generell humusarm ist – lieber etwas öfter Hornmist oder Fladenpräparat. Ist es eher regnerisch, sind die Böden kalt, die Pflanzen triebig, dann mehr Hornkiesel. Die besten Zeitpunkte kann man der Stimmung der Natur, der Witterung und dem Wachstumsstadium der Pflanzen ablauschen. Das biodynamische ABC von Wachstum und Reife erklärt auch, wie und warum die Spritz- und Kompostpräparate wirken. Wissenschaftler des *Instituts für Biologisch-Dynamische Forschung* in Darmstadt, von Universitäten sowie dem Schweizer *Forschungsinstitut für biologischen Landbau* haben da viel zur Klärung beigetragen, so dass man heute auch manches belegen und die Erklärung für die Präparate in der Ackerbauepoche der Waldorfschulen welche da lautet „die Erde segnen" präzisieren kann.

Die Präparate wirken ausgleichend, verbessern Reife und typische Ausprägung der Pflanze. Dabei wirken sie offenbar über den Umweg der pflanzeneigenen Hormone als Anstoß in den Momenten, wo die Pflanze die Richtung bestimmen muss: Noch mehr wachsen oder schon mal Blüten anlegen? Lieber reifen oder wieder ein paar Zweige treiben?

Es gibt sechs biologisch-dynamische Präparate für den Kompost, dazu Hornmist und Hornkiesel zum Ausspritzen sowie Schachtelhalmauszug für die Pflanzengesundheit. Die Anwendung ist breit: für alle Nutzpflanzen, auf Wiesen und Weiden und sogar im Wald kommen sie zum Einsatz. Und nicht nur im Kompost, auch in der Gülle. Daneben gibt es Spezialanwendungen einzelner Präparate wie z.B. Schafgarbe, die über die Kaliumverwertung die Pflanzen stärkt. Oder es gibt unerwartete Nebeneffekte, wie gegen Kornkäfer im Getreidelager. Obstbauern setzen Baldrianpräparate zum

Blütenschutz ein und immer mehr Ökowinzer schwören auf „Biodynamik."

Anders als viele meinen, sind die biologisch-dynamischen Präparate nach Steiner auch weiterentwickelt worden: So gibt es u.a. Sammelpräparate und ein Dreikönigspräparat. Außerdem wird zu geringeren Einsatzmengen geforscht oder zu Alternativen zur Eichenrinde in den Tropen und wie erwähnt, zu Einzelanwendungen. Auch das aktuelle Problem mit der EU-Gesetzgebung, die wegen BSE-Risiko die Verwendung mancher Kuhorgane (z.B. Darm) auch von Demeter Kühen nicht gestattet (wohl aber für Wursthüllen) macht Forschung nötig. Denn für die Herstellung der Präparate braucht man einige Organe der Kuh.

Wie auch immer: Wer mit der grünenden Natur kommunizieren will, sollte es nicht beim Umarmen von Bäumen oder Grüßen ans Universum belassen. Wie schon Erich Kästner sagte: Es gibt nicht Gutes, außer man tut es.

Unser Boden, die Haut des Planeten

Mehr Schutz und Pflege tut not!

Ein warmer Hauch von Waldboden in der winterlichen Stadt, der Duft lebendiger, humoser Erde: Im Prinzip weiß jeder, wie guter Boden sich anfühlt und riecht. Doch wo findet man den? Wie ist es um unsere Böden bestellt? Ob Berg oder Wiesengrund, Wald, Weide oder Acker, Nord- oder Südhang, Sand oder Ton – Böden sind die Grundlage von Vielfalt.

Den Böden allerdings geht es schlecht. Weltweit. Denn Flächen für das Erzeugen von Nahrung gibt es nicht im Übermaß: Nur gut ein Drittel der Erdoberfläche ist landwirtschaftlich nutzbar, doch ist davon ein Sechstel krank. Und Jahr für Jahr gehen 0,3 bis 0,5 Prozent verloren – unwiederbringlich! Böden bilden sich langsam, einen Millimeter jährlich, 30 cm aber braucht der Ackerbauer, mindestens. Noch heikler ist das mit ihrer Fruchtbarkeit: Über Generationen hinweg war daher die Bodenfruchtbarkeit das Kapital, das der Bauer seinem Sohn hinterließ, und es ist eine Kunst, diese aufzubauen und zu erhalten.

Die Ursachen kranker Böden sind menschengemacht und lassen sich mit den Begriffen Übernutzung und Fehlnutzung fassen: die konkreten Folgen sind Erosion durch Wind und Wasser, Ersterben der Fruchtbarkeit, Auslaugung, Fortschreiten der Wüsten. Auch Vergiftung durch Auswüchse der Industriegesellschaft gehört dazu, was zugleich deutlich macht, dass Böden nicht nur die Grundlage unserer Nahrung sind, sondern auch unseres Trinkwassers. Pflanzen Wurzelraum gebend, tragen sie auch zum lokalen wie weltweiten Klima bei. Und obwohl wir in Deutschland dreimal soviel Wald (der ja Wasser zurück hält) haben wie vor 200 Jahren, sind Überschwemmungen häufiger, was unter anderem mit unserer Bauwut zusammenhängt: Jeden Tag wird eine Fläche von 200 Fußballplätzen betoniert, am liebsten da, wo es flach ist und der Boden fruchtbar. Doch ist diese Versiegelung nicht die einzige Ursache, auch hierzulande sind die Böden krank, ohne Chemie kraftlos. Verdichtet durch zu schwere Maschinen, die Regenwürmer durch Agrochemikalien vertrieben und tendenziell eher klumpig als feinkrümelig – Regenwasser fließt da immer häufiger oberflächlich ab, statt zu versickern.

Den landwirtschaftlichen Böden könnte es besser gehen mit ökologischer Bewirtschaftung, doch in diesen Genuss kommen nur knapp sechs Prozent der deutschen Böden. Besonders durch biologisch-dynamische Maßnahmen werden sie lebendig, bergen mehr Regenwürmer und aktivere Bodenmikroben und sind, wie Langzeitversuche zeigen, am humusreichsten, haben die stabilsten Bodenkrümel und sind so besser vor Verdichtung und Erosion geschützt. Da wo Milch und Honig fließen, da strebten früher die Menschen hin, die Wertschätzung von Kuh, Regenwurm und Biene macht unsere Landschaft und Böden fruchtbar.

Auch das Klima hängt mit den Böden zusammen: Humusaufbau kann der Luft CO_2 entziehen. Ein bisschen geht das auch mit Ökolandbau, doch ist dessen Klimavorteil vor allem die Energieersparnis, die durch den Verzicht auf synthetische Stickstoffdünger entsteht und durch das eigene

Futter: Denn Importfutter, oft auf gerodetem Regenwald angebaut, trägt durch die Bodenzerstörung kräftig zur CO_2-Freisetzung bei. Von positivem Klimaeffekt wäre das Wiedervernässen von Moorböden. Doch bergen die in anderen Regionen Klimarisiken: Steigt die Erdtemperatur, werden die bislang gefrorenen Sumpfböden klimaschädliches Methan freisetzen.

Böden erzählen sogar Geschichten: Archäologen wissen davon zu berichten, aber auch Naturkundler, es gibt tatsächlich Bodendenkmale! Und was Böden in Sprache und Malerei (Pigmente!) angeregt haben, lässt sich hier nur andeuten. Böden verdienen mehr Engagement, sind sie doch die Grundlage für Ernährungssicherheit und Entwicklung. Dazu muss man mehr über sie und die Bedingungen ihrer Fruchtbarkeit wissen – eine Zukunftsaufgabe.

Bio-divers

Ökolandbau: Vielfalt gegen die Gleichförmigkeit

Braunbären kommen auf Bioäckern nicht vor, ebenso wenig wie Luchse im Lauch. Orchideen auf Bio-Wiesen und -Weiden dagegen schon. Um Fauna, die ins Gewicht fällt, zu schützen, reicht es meist nicht, ein paar Biosprengsel in der Landschaft zu haben. Die Tiere lehren uns den größeren Zusammenhang, in dem sie stehen. Um z.B. der Großtrappe, einem Laufvogel im Osten Deutschlands, das Leben leichter zu machen, haben sich ökologisch bewirtschaftete Zonen bewährt. Konventionelle Landwirtschaft ist meist Gift für seltene Arten und immer ist sie es für die Vielfalt.

Manchmal reicht aber auch der Ökolandbau nicht und es braucht zusätzliche Maßnahmen. Doch auch hier bietet Öko-Bewirtschaftung die beste Voraussetzung. Denn nicht nur in den Böden der Biobauern ist es lebendiger, auch oben darauf kreucht und fleucht es in weit größerer Zahl und Vielfalt als bei konventioneller Landwirtschaft. Am meisten bei biologisch-dynamischer, wie Langzeitversuche zeigen. Wenn das schon auf kleinen Versuchsfeldern gilt, um wie viel mehr dann für einen Hof, der ja auch die Landschaft mitgestaltet, idealerweise zusätzliche Vielfalt schafft, z.B. durch Fruchtfolge, Misch- oder Blütensaaten, Hecken oder Pflege und Nutzung zum richtigen Zeitpunkt. Auch hier gibt es preisgekrönte Demeter-Betriebe. Denn bei denen spielt der Gesichtspunkt der Landwirtschaft als „eine Art Individualität" eine große Rolle. Ja, richtig gelesen – was Bauer, Tiere, Pflanzen und Böden aus den Kräften der Sonne gestalten, ist nirgends identisch, ist wie individuell. Ganz anders das konventionelle Modell: Stückkosten senken durch möglichst weltweite Standardisierung der Naturgrundlagen. Ob Boden, Dünger, Agrargifte oder Sorten – die Mono-Kultur ist das Ziel, weil scheinbar effizient.

Auch bei den Nutzpflanzen und Nutztieren ist der Ökolandbau-Vorbild. Alte Varietäten oder Rassen erhalten, vor allem aber neue Pflanzensorten züchten (bei Tieren ist es schwieriger). Denn Ökolandbau braucht für seine Bedingungen eigene Sorten, ob bei Getreide oder Gemüse. Auch so steigt die Vielfalt. Biologisch-dynamische Züchter haben schon mehr als 30 Sorten Gemüse angemeldet. Bei Getreide allerdings bremst sie das Bundessortenamt seit Jahren aus.

Und so gibt es weitere Probleme für innovative Ökobauern: die Gleichschaltung in der Landwirtschaft vor allem durch Gentechnik ist das sichtbarste. Aber auch durch überzogene Vorschriften z.B. bei Hygiene, wo industrielle Maßstäbe gelten oder durch Fördermaßnahmen: So legte ein Demeter-Landwirt eine der ersten Agroforstanlagen Deutschlands an – Mischkultur aus abwechselnd Acker und Baumstreifen, das bindet CO_2 und bringt später Holzertrag. Das Amt wollte die Umweltprämien streichen: was der Beamte nicht kennt, das fördert er nicht. Ebenso die Sturmversicherung.

Oder das Beispiel Bienen: Wo früher bunte Wiesen waren, sind heute grüne Rasen, sehr früh und meist gleichzeitig gemäht. Wiese kahl, Bienenfutter ade. Am *Netzwerk Blühende Landschaft*, getragen von den Demeter Imkern im

Verein Mellifera, kann sich übrigens jede(r) beteiligen und etwas für die bedrohten Bienen tun.

Und denken wir mal an unsere Lebensmittel: Auch dank Ökolandbau kennen wir wieder mehr Äpfel als nur Granny Smith und Golden Delicious. Und gäbe es ohne die Öko-Branche Müsli, Grünkernbouletten, sortenreine Säfte, Thermogetreide, Pastinake, Backferment, Möhrenlaibchen, Abokiste oder Brot aus Lichtkornroggen? Die ökologische und vor allem die biologisch-dynamische Wirtschaftweise bringt Vielfalt auf den Teller. Denn gerade die Letztere ist kein Rezept, sondern überall auf der Welt nach gewissen Prinzipien neu zu erfinden: ob Teeplantage oder Bienenhaltung, Gemischtbetrieb in Norwegen oder Äcker mit Baumzeilen in Brasilien.

Heiße Luft um Klima und Kühe

Rindvieh frisst Gras. Und produziert Gas.

Natürlich wieder die Bauern! Erst vergiften sie das Trinkwasser, rotten Arten aus, produzieren minderwertige Nahrungsmittel und jetzt gefährden deren Kühe sogar das Klima. Selbst Bio-Kühe! Schlimmer als unsere spritschluckenden Autos! Was soll man da noch essen?

Gut platzierte Schreckensmeldungen geistern immer wieder durch die Presse, z.B. sei Bio-Käse nicht besser fürs Klima als konventioneller. Auch der Auslauf für die Tiere im Winter wurde als klimaschädlich erklärt. Doch nur, wenn die Kühe auf einer zu kleinen, unbefestigten Fläche stehen – was mit Bio nichts zu tun hat. Soll man den Visionen der Technikfreunde, Biospritunternehmen oder Atomkonzerne glauben, die immer noch versprechen, die Natur in den Griff zu kriegen? Und allen Bauern in Bali und anderswo den Nassreis und die Büffel verbieten? Den afrikanischen Nomadenvölkern ihre Herden? Ein Schlachtprogramm für die heiligen Kühe in Indien auflegen?

Hier wird der Reflex offenbar – das St.-Florians-Prinzip: Heilige Kühe sollen bitte andere schlachten, wir fahren weiter PS-Protze und fliegen billig. Realistische Vorschläge aber wären: jedes Auto über fünf Litern Verbrauch stilllegen; Flugbenzin besonders hoch besteuern, statt gar nicht; Häuser isolieren; nur ein bis zweimal die Woche Fleisch essen, Bio-Lebensmittel kaufen. Schließlich geht es beim Klimaschutz um den Faktor fünf – wir hier müssen von zehn Tonnen CO_2 pro Kopf und Jahr runter auf zwei! Da sind rülpsende Kühe Peanuts. Gezielt Verwirrung streuen – das hilft Auto- und Agrarkonzernen vielleicht, aber weder uns noch dem Klima: Essen müssen wir, Autofahren dagegen nicht. Aber Tiere und Sümpfe produzieren nun mal Methan – das gehört dazu. Sogar Pflanzen dünsten das Gas aus.

Der Beitrag des Viehs zum weltweiten Methanausstoß liegt bei ca. 18 Prozent. Selbst wenn es mit spezieller Fütterung und Pille für die Kuh um 20 Prozent effizienter ginge – maximal zwei Prozent Minderung insgesamt wären drin, wenn die letzten Ziegenhirten in der afghanischen Halbwüste solche Techniken anwenden. Das rettet das Klima nicht. Eher lohnt es z.B. in die Müllwirtschaft zu investieren: Vor sich hinrottende Halden dünsten 18 Prozent des weltweiten Methans aus. Und die Gewinnung von Erdöl bzw. Erdgas für unseren Energiehunger trägt allein fast ein Drittel zur Methanemission des Planeten bei.

Zurück zum Käse: Da stehen auf einmal Biobauern am Umweltpranger. Besonders die von Demeter, denn da gehören Kühe zum Konzept. Aus gutem Grunde – nur mit Kühen, die Kleegras vom Hof fressen, lässt sich der Humusgehalt der Böden steigern. Der Vorwurf ist nicht zu Ende gerechnet. Denn Ökolandbau ist doppelt so energieeffizient wie konventioneller, außerdem bindet er durch den Humusaufbau CO_2. Und er braucht kein Importkraftfutter: mehr als 30 Prozent dessen, was hierzulande sonst in den Trog kommt, stammt aus Übersee – meist Südamerika. Konventioneller Anbau setzt dort wie hier durch den Humusverlust CO_2 frei und emittiert durch synthetische Stickstoffdüngung erheblich mehr Lachgas – das ist 290 mal schädlicher als

CO_2. Selbst unter Anrechnung der niedrigeren Erträge ist der Ökolandbau je Kilo Milch letztlich nicht schlechter und bietet zusätzlich zahlreiche andere Vorteile.

Dass diese Berechnung knapp ausgeht, sollte Ansporn für die Ökobauern sein, Verbesserungen zu prüfen: Zum Beispiel kann man mit biodynamischen Methoden den Humusaufbau noch verbessern. Wenn Landwirtschaft, dann so. Oder Kühe effizienter füttern. Den Rest muss die Industrie-, Dienstleistungs- und Wissensgesellschaft selbst erledigen: Da gilt nach wie vor: Energiesparen um den Faktor fünf. Und: mehr pflanzliche Nahrung tut dem Planeten gut, da wirkt der Faktor sechs bis sieben.

Können Bäume hören?

Was das Wood Wide Web mit unserer Ernährung zu tun hat

Unterm Wald ist es laut. Bäume geben in bestimmten Situationen Klickgeräusche von sich, fanden Schweizer Forscher, so schreibt es die Zeitschrift *Geo*. Maispflanzen schnalzen mit den Wurzelspitzen und schicken ihre Wurzeln dahin, wo es brummt. Das sind nur einige Erkenntnisse, die Botaniker in den letzten Jahren unter dem Stichwort „Pflanzenneurobiologie" zusammenfassen. Nicht, dass Pflanzen Empfindungen hätten oder gar denken, aber ihre Selbststeuerung ist doch feiner und komplexer als gedacht. So werden die Tagesrhythmen des Öffnen und Schließens der Blüten über Proteine gesteuert, oder eine Topfpflanze, die regelmäßig berührt wird, wächst breiter als ihre unberührte Nachbarin.

Dass auch zwischen Pflanzen feine Kommunikationswege existieren, zeigen Tomaten, die von Raupen angeknabbert werden und ihre Artgenossen per Duft warnen, damit sie Bitterstoffe in die Blätter einlagern. Rosenkohl ruft gar auf dem Duftweg Schlupfwespen zu Hilfe, wenn Rüsselkäfer Eier an seine Blätter ablegen.

Solche Interaktionsnetze bringen Spannung in die scheinbar statische botanische Welt und es liegt nahe, dass solcherart lebenstüchtige Pflanzen vermehrt sekundäre Inhaltstoffe produzieren, die in der menschlichen Ernährung meist eine positive Rolle spielen. Biodynamiker haben übrigens schon in den 30er Jahren des vorigen Jahrhunderts Versuche mit Mohn und Kornrade im Getreide angestellt, um herauszufinden, ob das einen positiven Einfluss hat. Heute weiß die Forschung, dass mehr als 60 Ackerwildkräuter solche allelopathischen Effekte auf andere Pflanzen bewirken können.

Pflanzliche Kommunikationswege gibt es auch unterirdisch, vor allem vermittelt über Pilze, die sich mit den Feinstwurzeln symbiotisch verbinden. Diese Mykorrhiza, so der Fachbegriff, funktioniere im Wald wie ein „wood wide web", sagen die Forscher, eine große, alles mit allem verbindende Lebensgemeinschaft.

Darwin formulierte als erster die Hypothese vom „rootbrain", dem Verstand der Pflanzen in den Wurzelspitzen. Für die Biodynamiker entwickelte Rudolf Steiner das Bild der Landwirtschaft als Organismus in Form einer Art Individualität; diese habe den Kopf unter der Erde.

Schauen wir mal hin: Die Pflanze ist zwischen Kosmos und Erde aufgestellt, atmet den Lebensstrom der Sonne und macht über ihre Wurzeln und ihre humosen Reste die Erde, das reine Gestein, lebendig. Über Wurzelausscheidungen werden direkt und indirekt mithilfe der pilzlichen Genossen Nährstoffe gelöst. Der biodynamische Forscher Edwin Scheller beschrieb dies als aktive Nährstoffmobilisierung.

Der biodynamische Clou dabei: Stallmist fördert kräftig die Mykorrhiza der Nutzpflanzen auf dem Acker, mineralischer Stickstoffdünger vermindert sie. Biodynamische Präparate fördern das Bodenleben, ob über den Kompost gegeben oder direkt auf den Boden als Hornmist gespritzt: Dessen Zusammensetzung spricht für eine pflanzenhormonähnliche Regulierung des Bodenlebens, vermuten italienische Forscher. Ein weiterer Stallmist-Effekt: Auf heimischem Boden wird er vom Boden schneller erschlossen als auf fremden Böden, die Forscher kennen das von der Waldstreu und nennen das Heimvorteil, im biodynamischen genutzt als Futter-Mist-Spirale des sich so vom Boden aus entwickelnden Standorts.

Was das mit der Pflanze als Lebensmittel zu tun hat? Sie reagiert biodynamisch gepflegt insgesamt ausgeglichener etwa auf Wetterkapriolen, als Erntegut ist sie konzentrierter, hat höhere Trockensubstanzgehalte, Wein zeigt mehr Mineralität, die Früchte sind länger lagerfähig, analytisch wie in den Bildekräften reifer, letztlich „nahrhafter", bei meist geringeren Erträgen je Fläche. Was das für die Ernährung bedeuten kann, lässt sich aufgrund der sogenannten Klosterstudie des Forschungsrings erahnen: biodynamische Kost wirkte sich in dieser Vorstudie positiv auf Befinden, Blutdruck sowie immunologische Parameter aus.

Farmen auf dem Dach?

Technikvisionen wollen Landwirtschaft ersetzen

Einst entwickelten ein paar Außenseiter ein innovatives, Ressourcen sparendes, Biodiversität und Arbeitsplätze förderndes, zukunftsfähiges Landwirtschaftssystem: den Ökolandbau. Doch muss der sich heute politisch engagieren, um die einfachsten Errungenschaften der allgemeinen Agrarkultur zu verteidigen, z.B. Saatgutvielfalt, Bodenfruchtbarkeit, natürliche Düngung durch Leguminosenanbau und Raufutterfresser, selbst erzeugtes Futter oder fairen Umgang mit Tier, Natur und Geschäftspartnern. Aber wo ruft die Gesellschaft nach mehr Kontrolle? Bei Ökobauern! Auch die EU-Kommission diskutiert das in ihren neuen Gesetzesentwürfen. Verkehrte Welt – sind doch bereits jetzt Ökobauern die einzigen Landwirte, deren Betriebe auf Gesetzesbasis komplett durchleuchtet werden. Wie sauber und transparent mutet dagegen die Vision vom Gemüseanbau auf dem Dach oder im Hochsicherheitsgewächshaus an: das können auch Architekten, Städteplaner und Biotechniker, ganz ohne Landwirte.

Unsere städtische, aus Laboren und Laptops gesteuerte Zivilisation schüttet zunehmend das Kind mit dem Bade aus: Statt sich für Fortschritt in der real existierenden Landwirtschaft einzusetzen, träumen Planungseliten von deren Ersatz durch technische Systeme, am besten verschmolzen zum agroindustriellen Komplex, in den auch Anleger investieren können. Mit Lebensmittelversorgung oder Hungerbekämpfung hat das nichts zu tun. Und wohl nur in diesem Denkklima kann man auf die Idee kommen, der Salat müsse direkt auf dem Supermarkt wachsen und Hühner sollten auf Industriedächern gehalten werden. Natur? Nein danke! Boden? Igitt! Ich sehe schon Kolonnen von Salatpflückern in frisch gereinigten Arbeitskitteln und Hauben auf den Dächern der Einkaufscenter, die so das baubedingte Zerstören bester Böden mit Ökopunktsubventionen kompensieren. Ein Irrlicht genau wie Terra Preta, die mit teurer Holzkohle veredelte Gartenerde, die es geschafft hat, zum Ablasshandelinstrument der CO_2 emittierenden Industrie zu werden.

Glaubt denn jemand im Ernst daran, dass ein Schwein auf dem Balkon eines Stallhochhauses im Hafen, wo sein Futter anlandet, wirklich artgerecht gehalten wird? Oder Kühe auf einer Grünfläche inmitten einer Shopping Mall weiden, wie neulich ein Zeitschriftencover vermeintlich fortschrittlich illustrierte, ohne abzuschätzen, wie viel eine Kuh frisst? Das ist das eindimensionale Denken der sechziger Jahre, das uns Satellitenstädte ohne Bäcker und Stadtautobahnen ohne Stadt beschert hat. Top down – nur mit grünem Anstrich!

In Japan laufen bereits die ersten Salatfabriken: Gemüse auf bis zu 20 Flachetagen, mit Kunstlicht, ohne Boden, luftdicht isoliert. Aber hygienisch! So bejubelt der unvermeidliche Udo Pollmer, selbsternannter Ökokritiker, seine Vision von Öko. Materialismus als Grundlage der Gedankenbildung wird sicher zu weiteren Extremen führen: denn es ist doch messbar alles drin im Salat – oder? Nur dass die Fruchtbarkeit von erdelos gezogenen Kulturen stark nachlässt, wie Hiß und Buchmann in einer Untersuchung vor

Jahren zeigten. Ganz anders etwa auf dem Demeter-Gärtnerhof Röllingsen: da er-*lebt* man, was im Salat nährt, der Biss hinein ist da nur die letzte Stufe der Ernährung.

Sicher, es gibt interessante Nischen wie Fischcontainer kombiniert mit Tomatenanbau (funktioniert leider nicht nach Ökolandbaustandards) oder Algenproduktion im Fotovoltaikgewächshaus. Stadtgärtnern ist pädagogisch wertvoll und für die Armutsviertel der Megastädte eine gute Möglichkeit. Aber hat eigentlich jemand mal an all die Schadstoffe in den Stadtböden gedacht? Damit schlagen sich Stadtteilinitiativen, Gemeinschaftsgärten oder Essbare Städte herum. Also: Nichts gegen Urban Gardening, solange man nicht meint, das sei die Lösung für die Ernährung der Zukunft, während auf der meisten Fläche des Landes das Grün mit Glyphosat abgetötet wird.

Der Run auf Land

Biobauern in Bedrängnis – Bürgerbeteiligung als Weg?

Wer mit wachen Augen durch unser schönes Land fährt, wird festgestellt haben: auch eine Landpartie ist weniger attraktiv als früher – Mais, wohin das Auge blickt in manchen Regionen, oder aber Wiesen, die nie blühen dürfen. Die Landwirtschaft erfährt zurzeit einen Intensivierungsschub, nicht nur mit immer größeren Ställen. Vor allem der Energiepflanzenanbau, sei es für Brennstoff oder Biogas, verändert unsere Landschaften massiv – mehr als 20 Prozent der hiesigen Anbaufläche werden bereits dafür genutzt. Alles prima, dient ja der Energiewende? Stimmt nur ansatzweise. Denn die Gesamtenergiebilanz für Öl und Sprit ist negativ, bei Biogas mit extra dafür gepäppelten Pflanzen ist das letzte Wort noch nicht gesprochen. Aber gefördert wird doppelt, über das Energieeinspeisegesetz und über die Agrarprämien. Bauern, die nur Lebensmittel anbauen, werden so benachteiligt. Die doppelt geförderten können mehr Pacht zahlen. Bundesweit sind die Pachtpreis in den letzten zwei drei Jahren deutlich gestiegen, in manchen Regionen – denen mit viel Biogas – sogar rasant.

Das betrifft auch Ökobauern: Egal, wen man fragt, alle befürchten, Flächen zu verlieren, wenn Pachtverträge auslaufen oder nicht mehr an Flächen zu kommen, falls sie wachsen wollen. Wenn das nicht schon eingetreten ist. An Kauf ist da gar nicht mehr zu denken, mit im Schnitt über

20.000 Euro pro Hektar sind die Preise mehr als doppelt so hoch als man über lange Jahre herauswirtschaften kann. Besonders schlecht für Hofnachfolger, die ja auf zwanzig Jahre eine wirtschaftliche Perspektive brauchen.

Doch nicht nur in Deutschland und der EU läuft der Anspruch auf Land aus dem Ruder: mit unserer hiesigen Lebensweise beanspruchen wir Unionseuropäer auf anderen Kontinenten Millionen Hektar Land, vor allem für Biosprit und Futtermittel. Letztere könnte man eigentlich hier anbauen, doch importieren ist billiger. Auch weil hierzulande Klee, Bohnen und Erbsen jahrzehntelang vernachlässigt wurden.

Was tun als Konsument? Erster Schritt: Biolebensmittel – am besten Verbandsware und nicht Billig-Bio – kaufen. Hier ist das Futter fast zu 100 Prozent heimisch erzeugt. Zweiter Schritt: Sich informieren bei den Bio-Betrieben der Region, vielleicht brauchen die ja Unterstützung beim Thema Land, ob Pacht, Kauf oder Investition in bessere Nutzung. Der Demeter-Verband kümmert sich auch um alternative Finanzierungsmöglichkeiten: Beteiligung von Bürgern, in welcher Form auch immer, ist eine Möglichkeit. Landwirtschaftsbetriebe für Bürgerengagement zu gestalten, da wird bereits Verschiedenstes praktiziert, vom Genussschein bis zur Aktie, vom Mitmachen in einer Wirtschaftsgemeinschaft eines Solidarhofes bis hin zur Holding, zur Stiftung, oder zum Verein, um Flächen für ökologische Bewirtschaftung zu sichern. *Slow Food* in München hat mit seiner „Genussgemeinschaft Städter und Bauern“ bereits drei Höfe darin unterstützt, Käserei, Stall oder die Anschaffung einer Herde zu stemmen. Das Modell Solidarhof, wo Kunden monatlich eine Ernte vorfinanzieren, praktizieren deutschlandweit inzwischen mehr als hundert Betriebe. Eine Investitionsgesellschaft über den Einzelbetrieb hinaus ist die Regionalwert AG; das Freiburger Modell des Demeter-Gärtners Christian Hiß hat inzwischen Ableger bei München, in Hamburg und im Rheinland gefunden. Und auch ethische Banken wie die GLS unterstützen Bio-Höfe nicht nur mit Krediten, sondern reagieren auf die Bodenfrage: Mit einem Bodenfonds hat die GLS vor einigen Jahren in der Uckermark Land für Ökolandbau gesichert, eine Bio-Bodengesellschaft führt das Sammeln von Kapital für Ökoflächen weiter, daneben gibt es weitere Initiativen wie z.B. die Kulturland-Genossenschaft. Denn eine Landbewirtschaftung, die auf Gemeingüter wie sauberes Wasser, Biodiversität und Tierwohl achtet, gerät immer mehr unter ökonomischen Druck wenn wir sie nicht unterstützen. Dennoch ist auch die Politik gefordert, falsche Weichenstellungen rasch zu korrigieren.

Summen, Tauschen, Gärtnern

Die Postwachstumsgesellschaft braucht Experimentierräume

Bienen auf dem Balkon? Kein Problem, wenn man die richtige Bienenbehausung und verständnisvolle Nachbarn hat. Gemüse auf städtischem Grün? Geht auch, Beispiel Andernach, das sich „Essbare Stadt" nennt und wo man öffentliche Flächen mit Gemüse beackert. Energiesparer-Selbsthilfegruppe? Gibt's wirklich, im Rahmen der Transition-Town-Bewegung. Es tut sich was in deutschen Städten, der Wandel zur Nachhaltigkeit wird, anders als im Agenda-21-Prozess, ins eigene Leben integriert. Tauschen und leihen statt kaufen, reparieren statt wegwerfen, selbst herstellen statt anonyme Arbeitsteilung – ein bisschen fühlt sich das an wie früher. Nur dass wir Altachtundsiebziger nicht so einflussreich waren wie die zehn Jahre zuvor geborenen. Dafür ist jetzt auch das Geld an sich ein Thema: Regiowährung statt Sozialisierung des Privateigentums.

Diese gut vernetzte Eigenbewegung für einen nachhaltigen Wandel unseres Lebensstils ist das, worauf Systemkritiker wie z.B. der Soziologe Harald Welzer setzen. Transition-Town und Degrowth-Initiativen greifen auf, was noch entwickelt werden muss: Wandel zum Weniger. An Forschung zur Nachhaltigkeit fehlt es nicht, aber an Modellen nachhaltiger Lebensstile. Noch beschränkt auf studentische und junge städtische Milieus, gibt es auch Berührungspunkte mit der Landwirtschaft. Krumm gewachsenes Bio-

Gemüse sammeln und kochen – die SlowFood Jugend kultiviert das öffentlich. Selbsternte – der Bauer sät und pflegt, die Nutzer ernten. Oder Saisongärten – hier sorgt der Landwirt für Saat und Infrastruktur wie Wasser, den Rest machen die Hobbygärtner selbst. Solche Schritte zur kooperativen Selbstversorgungselementen kommen in Mode. Natürlich ökologisch. Sogar Kommunen steigen ein, stellen Kantinen um und schreiben Ökolandbau in ihre Pachtverträge.

Im Trend liegt auch, dass sich Kunden zu Kapitalbeteiligten wandeln, für ein Jahr Mitunternehmer einer Landwirtschaft in ihrer Nähe werden: Zusammen die Ernte vorfinanzieren – das Konzept gemeinschaftsgetragener Höfe hat sich von zwei Demeter–Höfen, die das hierzulande seit Jahrzehnten praktizieren, gelöst: aktuell sind es schon mehr als 100 Betriebe (www.solidarische-landwirtschaft.org), zig weitere Initiativen sind in Gründung. Die Idee dazu kommt von Demeter-Bauer Trauger Groh: Er löste mit seinem Buch vor zwanzig Jahren in den USA eine Welle aus. „Höfe der Zukunft“, übersetzt ins deutsche, ist im Verlag Lebendige Erde erschienen.

Einen anderen Weg der Beteiligung gehen Initiativen wie die Genussgemeinschaft „Städter&Bauern“ rund um München. SlowFood-Mitglieder investieren mittels Genussscheinen in den neuen Hühnerstall ihres Lieblingsbauern: Rendite kommt in Form von Eiern und Suppenhühnern. Oder Ziegenkäse. Landwirte können so Investitionen früher tätigen, die Tier oder Pflanze und Verbrauchern zugute kommen.

Stadt und Land sind so zusammen unterwegs bei der notwenigen Suche nach einem Lebensstil, der unseren Planeten und unsere Enkel schont – eine Chance für viele Biobetriebe, zu überdenken, was sie eigentlich produzieren: Waren für Märkte, Versorgung für ihr Umfeld oder vielleicht sogar Bildung? Kompostkurse für moderne Kleingärtner, Einführung in den Baumschnitt, Käserdiplom – all das gibt es bereits. Viele Demeter-Höfe sind handwerkliche Bildungsstätten zur Nachhaltigkeit, inclusive Naturschutz: Der Demeter-Hof Grenzebach etwa, vor ein paar Jahren bayrischer Wiesenmeister, lädt ein zum Erlebnis mit allen Sinnen, andere bieten naturkundliche Spaziergänge oder gemeinsames Heckenpflanzen, Demeter-Imker geben Kurse zur Bienenhaltung in der Stadt.

Letztlich geht es darum, selbst die Wende von der Rendite- zur wertegetriebenen Wirtschaft in die Hand zunehmen. Oder, um es mit Gandhi zu sagen: Du musst selbst die Veränderung sein, die Du in der Welt sehen willst.

Die Texte dieses Buches erschienen als Kolumne
in der Zeitschrift *Info3 – Anthroposophie im Dialog.*

Zum Weiterlesen das Original:
Rudolf Steiner, *Geisteswissenschaftliche Grundlagen zum Gedeihen der Landwirtschaft*, Landwirtschaftlicher Kurs, Koberwitz 1924, Rudolf Steiner Gesamtausgabe GA 327, Rudolf Steiner Verlag, ISBN 9783727432705

Weiterführende Hinweise

Was in diesem Büchlein geschildert wird, ist vielleicht so anregend, dass mancher Leser mehr wissen will. Praktisch bietet sich da die Teilnahme in einer der biodynamischen Hausgärtnergruppen oder die Mitarbeit bei einem dem Präparate-Treffen vor Ort an. Fürs erste Kennenlernen gibt es sicher Veranstaltungen eines Demeter-Hofes in der Nähe. Oder man bestellt einfach biodynamisch gezüchtetes Saatgut, fängt damit in Garten oder auf dem Balkon an und beobachtet was sich tut (ganz einfach bestellbar zum Beispiel bei www.bingenheimersaatgut.de/).

Natürlich kann man auch über Lektüre biodynamisches Wissen vertiefen. Die Literatur rund um die biologisch-dynamische Wirtschaftsweise ist stattlich. Hier möchte ich nur ein paar wenige Empfehlungen geben:

Matthias Mochner: Das Demeter Phänomen. Die biologisch-dynamische Landwirtschaft – ein Weg aus der Sackgasse der Agrochemie. Elster Verlagsbuchhandlung, Zürich 2015, 184 S., gebunden, 29,00 Euro

Nikolai Fuchs: Was ist biologisch-dynamische Landwirtschaft? Verlag am Goetheanum, CH-Dornach 2010, 56 S., 5,00 Euro

Von Monty Waldin: Biodynamisch Gärtnern. Dorling Kindersley Verlag GmbH, München, 254 S., 20,60 Euro

Von Peter Berg: Biogärtnern. Der Grundkurs. Franckh-Kosmos Verlags GmbH Stuttgart 2013, 192 S., 19,99 Euro.

Pierre Masson: Landwirtschaft, Garten- und Weinbau biodynamisch. AT Verlag Aarau und München 2013, 224 S., 34,90 Euro

Forschungsring e.V. (Hg.): Biologisch-dynamisch. 90 Jahre Impulse für eine Landwirtschaft der Zukunft. Wissenschaftliche Tagung 2014 in Bonn. Verlag Lebendige Erde, Darmstadt 2014, 184 S., 18,00 Euro

Im Internet

www.demeter.de
www.lebendigeerde.de
www.gartenrundbrief.de
www.forschungsring.de

Ibrahim Abouleish
Die SEKEM-Symphonie
Nachhaltige Entwicklung für Ägypten
in weltweiter Vernetzung
7. aktualisierte Neuauflage
Info3-Verlag, 2016
192 Seiten, zahlreiche Abbildungen, Broschur
ISBN 978-3-95779-027-9

Was 1977 mit dem Graben eines Brunnens, ersten Pflanzungen und der Ansiedlung von mehreren Dutzend Büffeln als Mistlieferanten zur Gründung einer biodynamischen Landwirtschaft in der ägyptischen Wüste begann, ist heute zu einer weltweit Aufsehen erregende Kultur- und Wirtschaftsinstitution geworden. Der Visionär Abouleish (1937–2017) erzählt seine Geschichte, die zugleich eine Brücke zwischen der europäischen und ägyptischen Kultur darstellt.

www.info3-verlag.de

INFO3 VERLAG

Info3-Verlag
Kirchgartenstr. 1 – 60439 Frankfurt
Tel. 069-58 46 47 – Fax 069-58 46 16
Mail: vertrieb@info3.de
Web: www.info3-verlag.de